国家职业技能等级认定培训教材——合编版

西式烹调师

（初级 中级 高级）

人力资源社会保障部教材办公室　组织编写

中国劳动社会保障出版社

图书在版编目（CIP）数据

西式烹调师：初级、中级、高级 / 人力资源社会保障部教材办公室组织编写 . -- 北京：中国劳动社会保障出版社，2020

国家职业技能等级认定培训教材：合编版

ISBN 978-7-5167-4572-4

Ⅰ.①西… Ⅱ.①人… Ⅲ.①西式菜肴－烹饪－职业技能－鉴定－教材 Ⅳ.①TS972.118

中国版本图书馆 CIP 数据核字（2020）第 131932 号

中国劳动社会保障出版社出版发行

（北京市惠新东街 1 号　邮政编码：100029）

*

北京市艺辉印刷有限公司印刷装订　　新华书店经销

787 毫米 × 1092 毫米　16 开本　16.75 印张　294 千字

2020 年 8 月第 1 版　　2020 年 8 月第 1 次印刷

定价：**29.00** 元

读者服务部电话：（010）64929211/84209101/64921644

营销中心电话：（010）64962347

出版社网址：http：//www.class.com.cn

前　言

为贯彻落实中共中央、国务院《关于分类推进人才评价机制改革的指导意见》精神，推动烹调师、面点师职业培训和职业技能等级认定工作的开展，在烹饪专业从业人员中推行职业技能等级制度，推进实施职业技能提升行动，人力资源社会保障部教材办公室组织有关专家对原烹调师、面点师国家职业资格培训教程进行了优化升级，组织编写了国家职业技能等级认定培训教材——合编版。

本套教材依据相关《国家职业技能标准》（以下简称《标准》），结合岗位工作实际编写，内容上体现"以职业活动为导向、以职业能力为核心"的指导思想，突出职业技能等级认定培训特色；结构上针对烹调师、面点师职业活动领域，按照职业功能模块分级别编写。针对《标准》中的"基本要求"，还专门编写了中式烹调师、中式面点师、西式烹调师、西式面点师 4 个职业各个级别共用的《烹饪基础知识》，包括职业道德、饮食卫生、饮食营养、成本核算、厨房安全生产等方面的内容。

本书是国家职业技能等级认定培训教材——合编版中的一种，适用于初级、中级、高级西式烹调师的培训，是国家职业技能等级认定培训推荐用书。

　　本书由郭亚东、闫文胜编写，郭亚东主编统稿，南洪江审稿。由于时间仓促，不足之处在所难免，欢迎提出宝贵意见和建议。

人力资源社会保障部教材办公室

目　录

第一部分　西式烹调师初级

第二部分　西式烹调师中级

第一部分

西式烹调师初级

第一章

西式烹调概况

第一节 西餐的概念与发展

一、西餐的概念

西餐是中国人和其他东方人对西方各国菜点的统称，广义上讲，也可以说是对西方餐饮文化的统称。所谓"西方"，习惯上是指欧洲国家和地区，以及由这些国家和地区的人口为主要移民的北美洲、南美洲和大洋洲的广大区域，西餐主要是指以上区域的餐饮文化。

由于欧洲各国的地理位置较近，历史上多次出现过民族大迁徙，其文化，包括餐饮文化早已相互渗透融合，彼此已有很多共同之处。再有，大多数西方人信仰的天主教、东正教、新教都是基督教的主要分支，因此在饮食禁忌、进餐习俗上大体相同。至于南美洲、北美洲和大洋洲，由于欧洲移民占大多数且占有统治地位，因此其餐饮文化也与欧洲基本相同。这样，中国人和其他一些东方人就将这部分看起来大体相同，而又与东方饮食文化迥然不同的西方饮食文化统称为西餐。但就西方人而言，他们并无明确的西餐概念，法国人认为他们做的是法国菜，英国人认为他们做的是英国菜，西餐只是东方人的概念。

二、西餐在我国的传播与发展

西餐是从西方国家逐渐传入我国的。我国人民与西方人民的交往由来已久，早在约两千年前，就打通了通往西方的"丝绸之路"。但在漫长的封建社会里，我国执行的是闭关锁国的政策，加之交通工具落后，所以这些交往是很有限的，只限于一些物产的相互交流。到了17世纪中叶，西方已出现资本主义，到我国的商船逐渐增多，一些传教士和外交官不断到我国传播西方文化，同时也将西餐技艺带到了中国。据记载，德国传教士汤若望在京居住期间，曾用"蜜面"和以"鸡卵"制作的"西洋饼"来招待中国官员，食者皆"诧为殊味"。

西餐真正传入我国是在1840年鸦片战争以后，我国的门户被打开，西方人大量进入我国，西餐技术逐渐为我国厨师掌握。到光绪年间，在外国人较多的上海、北京、广州、天津等地，出现了由中国人经营的西餐厅（当时称"番菜馆"），以及咖啡厅、面包房等。据清末史料记载，最早的"番菜馆"是上海福州路的"一品香"，后来有"海天春""一家春""江南春""万家春"等；在北京最早出现的是"醉琼林""裕珍园"等。1900年，两个法国人在北京创办了北京饭店，1903年建立了得利面包房。此后，西班牙人又创办了三星饭店，德国人开设了宝珠饭店，希腊人开设了正昌面包房，俄国人开设了石根牛奶厂等。从20世纪20年代初开始，上海的西餐也得到了迅速发展，出现了几家大型的西式饭店，如礼查饭店（现浦江饭店）、汇中饭店（现和平饭店南楼）、大华饭店等；进入30年代，又相继建起了国际饭店、华懋饭店、都成饭店、上海大厦等。这些饭店除接待住宿外，都以经营西餐为主。此外，广州的哥伦布餐厅、天津的维克多利餐厅、哈尔滨的马迭尔餐厅等也都很有名气。总之，20世纪20年代、30年代是西餐在中国传播和发展最快的时期。

1949年以后，西餐又有了新的发展。北京在20世纪50年代建成的莫斯科餐厅、友谊宾馆、新侨饭店及北京饭店西楼等都设有西餐厅。由于当时与苏联及东欧国家交往密切，所以20世纪50年代和60年代我国西餐主要发展了俄国菜。

党的十一届三中全会后，随着我国对外开放政策的实施、经济的发展和旅游业的兴起，西餐在我国的发展又进入了一个新的时期。20世纪80年代后，在北京、上海、广州等地相继兴起了一批设备齐全的现代化饭店，世界著名的希尔顿、喜来登、假日饭店等新型的饭店集团也相继在中国设立了连锁店。这些饭店都聘用了西方厨师，他们带来了现代的西餐技术。同时，一些老饭店也不断更新设备和技术，西餐在我国得到了迅速发展。菜系也出现了以法国菜为主，英、美、意、俄等菜式全面发展的格局。

第二节　西餐主要菜式的风味特点

西方各国的饮食文化虽然有许多共同之处，但由于自然条件、历史传统、社会制度的不同，各个国家和地区的风土人情及饮食习惯也有不少差异，从而出现了风格不同的菜系流派，其中影响较大的有法国菜、意大利菜、英国菜、美国菜、俄国菜、德国菜等。

一、法国菜

法国菜在西方享有盛誉，法国人也以自己的烹调技术而自豪。这首先得益于其优越的地理条件，法国的农牧业都很发达，粮食和肉类除自给外还有部分出口。此外，法国的香槟酒、葡萄酒、白兰地酒及奶酪也都著称于世。

法国菜有很多特点，主要体现在以下几方面。

1. 选料广泛、讲究

一般来说西餐在选料上局限性较大，而法国菜的选料却很广泛，如蜗牛、黑菌、洋百合、椰树心、马兰等皆可入菜，而且在选料上很精细。用料要求绝对新鲜，滋味鲜美。

2. 讲究原汁原味

法国菜非常重视少司（sauce，调味汁）的制作，一般要由专门厨师制作，而且做什么菜用什么少司，也很讲究，如做牛肉菜肴用牛骨汤汁，做鱼类菜肴用鱼骨汤汁，有些汤汁要煮 8 h 以上。

3. 追求菜肴鲜嫩

法国菜要求菜肴水分充足，质地鲜嫩，如牛排一般只要求三四成熟，烤牛肉、烤羊腿只需七八成熟，而牡蛎则大都生吃。

4. 喜欢用酒调味

法国盛产酒类，烹调中喜欢用酒调味，而且做什么菜用什么酒也很讲究。酒的用

量很大，很多法国菜都带有酒香气。

典型的法国菜有鹅肝酱、牡蛎杯、焗蜗牛、马令古鸡、西冷牛排、洋葱汤、马赛鱼羹等。

二、意大利菜

意大利菜的特点主要体现在以下几方面。

1. 注重传统菜肴

意大利菜中传统的红烩、红焖菜肴较多，而现今流行的烧烤、铁扒菜肴相对较少。

2. 突出食物的本味

意大利菜讲究直接利用原料自身的鲜美味道，调味直接、简单，常用番茄、番茄酱、橄榄油、香草、红花调味。

3. 以面食做菜，品种丰富

据传 13 世纪意大利旅行家马可·波罗把我国的面条传到意大利，目前意大利面食已闻名世界，仅面条一类就有几十个品种，此外还有各种馄饨、比萨饼等。这些面食既可做汤，又可做菜，也可做沙拉。

典型的意大利菜有意大利菜汤、米兰式猪排、肉末通心粉、比萨饼、意式馄饨等。

三、英国菜

英国的农业不发达，粮食每年都要进口，也不像法国人那样崇尚美食，因此英国菜相对来说比较简单，英国人也常自嘲不擅烹调。

1. 选料局限

英国菜选料的局限性比较大，英国虽是岛国，但渔场较少，所以英国人不讲究吃海鲜，比较偏爱牛肉、羊肉、禽类、蔬菜等。

2. 烹调简单

英国菜的制作大都比较简单，肉类、禽类、野味等大都整只或大块烹制。另外，调味也比较简单，口味清淡，油少不腻，但餐桌上的调味品种类却很多，由客人根据自己的爱好调味。

典型的英国菜有煎鸡蛋、土豆烩羊肉、烤鹅填栗子馅、牛尾浓汤等。

四、美国菜

美国是典型的移民国家，由于英国移民较多，美国菜基本是在英国菜的基础上发展起来的。另外，由于美国的历史短，美国人在生活习惯上不墨守成规，善于利用当地丰富的农牧产品，并结合欧洲其他移民和当地印第安人的生活习惯，形成了独特的美国餐饮文化。

1. 喜欢用水果做菜

由于美国盛产水果，所以用水果做菜比较普遍，而且用量也较大，在口味上有咸里带甜的特点。

2. 注重营养

美国人的饮食首先看重的是营养，其次才是菜肴的味、香、色，所以不同人群的营养配餐在美国非常普及。发展到现在，美国在饮食上更流行低脂肪、低胆固醇的菜肴，甚至出现了一部分"素食主义者"。

3. 开创了火鸡菜肴

火鸡本是北美南部的野生动物，美国人逐渐把它作为在感恩节、圣诞节等重大节日食用的必备菜肴，并影响了整个西方世界。

典型的美国菜有华尔道夫沙拉、烤火鸡配苹果、菠萝火腿扒、苹果派等。

五、俄国菜

俄罗斯横跨欧亚大陆，地域广阔，大部分人居住在欧洲。到了近代，在饮食文化方面，俄罗斯贵族比较崇尚法国，所以俄国菜受法国菜影响较大，同时也吸收了意大利、奥地利、匈牙利等国菜式的特点。

1. 传统菜油性较大

由于俄罗斯大部分地区气候比较寒冷，人们需要较多的热量，所以传统的俄国菜油性较大，许多菜做完后要浇上少量黄油，部分汤菜上面也有浮油。随着社会的进步，人们的生活方式也在改变，20 世纪 70 年代后，俄国菜也逐渐趋于清淡。

2. 口味浓厚

俄国菜的口味比较浓厚，酸、甜、咸、微辣各味俱全，喜欢用酸奶油调味，并喜欢生吃大蒜、洋葱。

3. 讲究冷小吃

俄国菜讲究冷小吃，常见的有酸黄瓜、酸白菜、腌青鱼、鱼子酱等，口味酸、咸爽口，其中鱼子酱颇负盛名。

典型的俄国菜有鱼子酱、红菜汤、黄油鸡卷、罐焖牛肉、莫斯科烤鱼等。

六、德国菜

德国人喜爱运动，食量较大，以肉食为主。德国菜肴以丰盛实惠、朴实无华著称。

1. 肉制品丰富

德国的肉制品种类繁多，仅香肠一类就有上百种，著名的法兰克福香肠早已驰名世界。德国菜中有不少是用肉制品制作的菜肴。

2. 口味以酸、咸为主

德国菜中的酸菜使用非常普遍，经常用来做配菜，口味酸、咸，浓而不腻。

3. 食用生鲜菜肴

一些德国人有吃生牛肉的习惯，如著名的鞑靼牛扒，就是将嫩牛肉剁碎，拌以生洋葱末、酸黄瓜末和生蛋黄食用。

4. 用啤酒制作菜肴

德国盛产啤酒，啤酒的消费量居世界之首，一些菜肴常用啤酒调味。

典型的德国菜有柏林酸菜煮猪肉、酸菜焖法兰克福香肠、汉堡肉扒、鞑靼牛扒等。

第二章

常用设备与工具

第一节　常 用 设 备

一、炉灶设备

1. 炉灶

西式炉灶一般用钢或不锈钢制成，有电灶和燃气灶两种，有4~6个灶眼，下部一般还附有烤箱，上部附有焗炉。

2. 烤炉

烤炉又称烤箱，根据其热能来源可分为燃气烤箱和远红外电烤箱，根据其烘烤原理可分为对流式烤箱和辐射式烤箱。

（1）对流式烤箱。工作原理是利用鼓风机，使热空气不断地在整个烤箱内循环，将热空气均匀地传递给食品。其一般由烤箱外壳、风机、燃烧器、控制开关等组成。

（2）辐射式烤箱。工作原理主要是通过电能的红外线辐射产生热能，同时还有烤箱内热空气的对流等供热。其主要由烤箱外壳、电热元件、控制开关、温度仪、定时器等构成。

3. 微波炉

其工作原理是将电能转换成微波，利用高频电磁场对介质加热的原理，使原料分子剧烈振动而产生高热。微波电磁场由磁控管产生，微波穿透原料，使原料内外同时受热。微波炉加热均匀，食物营养损失小，成品率高，但菜肴缺乏烘烤产生的金黄色

外壳，风味较差。

4. 铁扒炉

铁扒炉有煎灶和扒炉两种。

煎灶表面是一块 1~2 cm 厚的平整的铁扒，四周是滤油，热能来源主要有电和燃气两种。它靠铁扒传导使原料受热，原料受热均匀，但使用前应提前预热。

扒炉结构同煎灶相仿，只是表面不是铁板，而是铁铸造的铁条，热能来源主要有燃气、电和木炭等，通过下面的辐射热和铁条的热传导使原料受热，使用前也应提前预热。

5. 明火焗炉

明火焗炉又称面火焗炉，是一种立式扒炉，中间为炉膛，有铁架，一般可升降。热源在顶端，一般适于原料的上色和表面加热。

6. 蒸汽炉

蒸汽炉有高压蒸汽炉和普通蒸汽炉两种。它主要是利用封闭在炉内的水蒸气对原料进行加热。高压蒸汽炉最高温度可达 182 ℃，食品营养成分损失少、松软、易消化。

7. 蒸汽汤炉

蒸汽汤炉一般为圆形，有盖，容积较大。它通过蒸汽加热，有摇动装置，能使汤炉倾斜。由于用蒸汽加热，所以不会糊底，适于长时间加热制汤。

8. 炸炉

炸炉一般为长方形，主要由油槽、油脂过滤器、钢丝篮及热能控制装置等组成。炸炉大部分为电加热，能自动控制油温。

二、机械设备

1. 多功能粉碎机

多功能粉碎机由电动机、原料容器和不锈钢叶片刀等组成，适宜打碎水果、蔬菜，也可以混合搅打浓汤、鸡尾酒、调味汁、乳化状的少司等。

2. 切片机

切片机主要用来切面包，也可切其他食品，并可根据要求切出规格不同的片。

3. 打蛋机

打蛋机由电动机、钢制容器和搅拌龙头组成，主要用来打鸡蛋，也可打少司、奶油等。

4. 立式万能机

立式万能机由电动机、升降装置、控制开关、速度选择手柄、容器和各种搅拌龙头组成，具有切片、粉碎、揉制、搅打等多种功能。

5. 压面机

压面机又称滚压机，由电动机、传送带、滚轮等主要构件组成，主要用于制作各种面团卷、面皮等。

三、制冷设备

1. 冷藏设备

厨房中常用的冷藏设备有小型冷藏库、冷藏箱和小型电冰箱。这些设备的共同特点是都具有隔热保温的外壳和制冷系统，按冷却方式可分为冷气自然对流式（直冷式）和冷气强制循环式（风扇式）两种，冷藏的温度范围为 –40~10 ℃。冷藏设备都具有自动恒温控制、自动除霜等功能，使用方便。

2. 制冰机

制冰机主要由蒸发器的冰模、喷水头、循环水泵、脱模电热丝、冰块滑道、储冰槽等组成。整个制冰过程是自动进行的，先由制冷系统制冷，水泵将水喷在冰模上，逐渐冻成冰块，然后停止制冷，用电热丝加热使冰块脱模，沿滑道进入储冰槽，再人工取出冷藏。制冰机主要用于制备冰块、碎冰和冰花。

3. 冰激凌机

冰激凌机由制冷系统和搅拌系统组成。制作时把配好的液状原料装入搅拌系统的容器内，一边搅拌，一边冷冻。由于冰激凌的卫生要求很高，因此冰激凌机一般用不锈钢制造，不易沾污食物，且易消毒。

第二节　常用工具

一、厨房常用炊具

1. 煎盘

圆形、平底，直径有 20 cm、30 cm、40 cm 等规格，用途广泛。

2. 炒盘

圆形、平底，形较小、较浅，盘底中央略隆起，一般用于少量油脂快炒。

3. 煎蛋盘

圆形、平底，形较小、较浅，四周立边呈弧形，用于制作煎蛋卷。

4. 少司锅

圆形、平底，有长柄和盖，深度一般为 7~15 cm，容量不等，锅底较厚，一般用于少司的制作。

5. 汤桶

汤桶较大、较深，有盖，两侧有耳环，容量从 10 L 到 180 L 不等，一般用于制汤或烩煮肉类。

6. 蒸锅

双层，底层盛水，上层放食品，容积不等，有盖，一般用于蒸制食品。

7. 笊篱

用铁丝等编制成的网筛，用于沥干面条等。

8. 帽形滤器

有一长柄，圆形，形似帽子，用较细的铁纱网制成，一般用于过滤少司。

9. 锥形滤器

用不锈钢制成，锥形，有长柄，锥形体上有许多细小孔眼，一般用于过滤汤汁。

10. 烤盘

长方形，立边较高，薄钢制成，主要用于烧烤原料。

11. 烘盘

长方形，较浅，薄钢制成，主要用于烘烤面点食品。

12. 研磨器

梯形，四周铁片上有不同孔径的密集小孔，主要用于奶酪、水果、蔬菜的研磨擦碎。

13. 蛋抽

由钢丝捆扎而成，头部由多根钢丝交织编在一起，呈半圆形，后部用钢丝捆扎成柄，主要用于搅打蛋液等。

14. 蛋铲

不锈钢制成，长方形，铲面上有孔，以沥掉油或水分，主要用于煎蛋等。

15. 汤勺

一般用全钢制成，有长柄，用于舀汤汁、少司等。

二、厨房常用刀具

1. 法式分刀

刀刃锋利呈弧形，背厚，颈尖，型号多样，从 20 cm 到 30 cm 不等，用途广泛，切剁皆可，如图 2-1 所示。

2. 厨刀

刀锋锐利平直，刀头尖或圆，主要用于切割各种肉类，如图 2-2 所示。

图 2-1　法式分刀　　　　　　　　　　图 2-2　厨刀

3. 剔骨刀

刀身薄又尖，较短，用于肉类原料的出骨，如图 2-3 所示。

4. 烤肉刀

刀身较长，刀尖呈圆鼻状，用于切割大块烤牛肉，如图 2-4 所示。

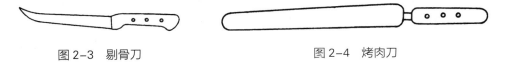

图 2-3　剔骨刀　　　　　　　　　　图 2-4　烤肉刀

5. 剁肉刀

长方形，形似中餐刀，刀身宽，背厚，用于带骨肉类原料的分割，如图 2-5 所示。

6. 牡蛎刀

刀身短而厚，刀头尖而薄，用于挑开牡蛎外壳，如图 2-6 所示。

图 2-5　剁肉刀　　　　　　　　　　图 2-6　牡蛎刀

7. 蛤蜊刀

刀身扁平、尖细，刀口锋利，用于剖开蛤蜊外壳，如图 2-7 所示。

8. 肉叉

形式多样，用于切片、翻动原料等，如图 2-8 所示。

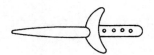

图 2-7　蛤蜊刀

图 2-8　肉叉

9. 蛋糕刀

又称蛋糕铲，刀面较阔，用于铲起蛋糕，以防破裂，如图 2-9 所示。

10. 拍刀

又称拍铁，带柄，无刃，下面平滑，背面有脊棱，中间厚，四边薄，主要用于拍砸各种肉类，如图 2-10 所示。

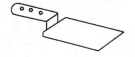

图 2-9　蛋糕刀

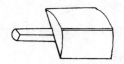

图 2-10　拍刀

第三章

原料知识

第一节　家　畜　肉

一、家畜肉的种类

家畜肉的种类很多，作为西餐常用的肉用家畜主要有牛、猪、羊三种。

1．牛的主要品种

西餐主要使用肉牛，在我国还使用黄牛。

（1）黄牛品种。黄牛是在我国分布最广的牛种，常见的品种有秦川牛、南阳牛、鲁西牛、延边牛。

1）秦川牛。其主要产于陕西渭河流域的平原地区。秦川牛骨骼粗壮，肌肉丰满，前躯发育好。毛色多为紫红色，少量为浅红色和黄色。秦川牛是大型牛，公牛平均体重 615 kg，母牛平均体重 384 kg。其肉质细嫩，易于育肥，有较高的肉用价值。

2）南阳牛。其主要产于河南南阳地区，由于长期的选种和精细的饲养管理，已形成了稳定的南阳牛品种。南阳牛的毛色以黄色为多，个体高大，肌肉丰满，公牛前躯发达，母牛后躯较大，四肢较高。由于长期役用，所以其肌纤维较粗，肉质一般。

3）鲁西牛。其主要产于山东西南部地区。鲁西牛毛色多为黄色和红色，公牛平均体重 325 kg，母牛平均体重 358 kg，易于育肥，肌肉纤维内的脂肪分布均匀，有较高的肉用价值。

4）延边牛。其主要分布在东北地区，毛色多为深浅不一的褐色，以黄褐色居多。

延边牛育肥速度快，肌肉发达，肉质优良，有较高的肉用价值。

（2）西方肉牛品种。近几十年，一些饲养业发达的国家肉用牛的发展速度非常快，涌现出很多优良的肉用牛品种，具有代表性的有海福特牛、安古斯牛、夏洛来牛、西门塔尔牛等。

1）海福特牛。原产于英国英格兰的海福特，是典型的肉用牛，头短、额宽、颈粗、肌肉发达，毛色暗红柔软，在头部、颈部、腹线、腿踝、尾尖均有白斑。成年公牛体重900~1 100 kg，母牛体重500~720 kg，肉层厚实，肉质肥美多汁。

2）安古斯牛。原产于英国苏格兰的安古斯。毛色除腹下有少量白毛外，均为黑毛，无角。成年公牛体重900~1 100 kg，母牛体重500~800 kg。

3）夏洛来牛。原产于法国夏洛来以西地区，体躯高大，毛色为白色或乳白色，公牛、母牛均有角。成年公牛体重1 100~1 200 kg，母牛体重700~800 kg。胴体脂肪少，瘦肉多，肉质细嫩。

4）西门塔尔牛。原产于瑞士，现已广布法国、德国、捷克、匈牙利等国。毛色为黄白或红白，成年公牛体重1 050~1 150 kg，母牛体重650~780 kg。其肌肉发达，肉层均匀，肉纤维细。

2. 猪的主要品种

（1）华北型猪。华北型猪主要分布在秦岭、淮河以北的广大地区。华北型猪一般躯体高大，背腰窄，四肢粗壮，头、嘴长，皮厚，水分较少，脂肪硬，肉味浓。其代表品种有东北民猪、新金猪、定县猪、淮猪等。

（2）华南型猪。华南型猪主要分布在湖南、四川、云南、广东、福建等地。华南型猪体型短、矮、宽、圆，背部大多凹陷，腹大下垂，臀、腿丰圆。华南型猪骨骼细，皮薄，易育肥，肉质嫩，出肉率较华北型猪高。其代表品种有宁乡猪、荣乡猪、金华猪、威宁猪等。

（3）引进的良种猪。近几十年来，一些饲养业发达的国家，在减少脂肪、增加瘦肉、缩短育肥时间、降低饲料消耗等方面取得了不少进展。代表品种有丹麦的兰德瑞斯，英国的约克夏、巴克夏等。

3. 羊的主要品种

目前我国饲养的家畜羊都是毛、肉兼用品种，世界上只有新西兰和澳大利亚培育出肉用羊。目前市场供应的羊有以下品种。

（1）绵羊。绵羊在我国饲养比较普遍，大部分毛、肉兼用。绵羊大都腿部短小，腰背宽，腹部大，肌肉发达，肉质较好，育肥好的羊肌肉间可沉积脂肪。代表品种有蒙古肥尾羊、新疆细毛羊等。

（2）山羊。山羊主要分布在我国东北、华北、四川等地。山羊体型较绵羊小，皮厚，无肌间脂肪，肉质不如绵羊好，但可作为奶用羊。

（3）进口肉用羊。肉用羊大都用绵羊培育而成，主要进口国是新西兰和澳大利亚。肉用羊较绵羊个体大，肉质细嫩，肌间脂肪多，切面呈大理石花纹，肉用价值高于其他品种。

二、家畜肉的组织结构

肉类原料的品质好坏与其组织结构有直接关系。从烹调原料角度，动物体的可利用部位归纳为肌肉组织、结缔组织、脂肪组织、骨骼组织。

1. 肌肉组织

肌肉组织是肉类原料的主要可食部分。肌肉组织在动物体内的比例因不同的动物和品种而异，一般家畜的肌肉组织占胴体的50%~60%。构成肌肉组织的基本单位是肌纤维，50~150根肌纤维集合在一起，由一个结缔组织薄膜包被起来，就形成一个小肌束；数十个小肌束集在一起，再由结缔组织膜包被起来，就组成了大肌束；数十个大肌束集在一起，再由一个较厚的结缔组织膜包被起来，就形成了完整的肌肉组织。如是育肥良好的家畜，在其结缔组织膜下会沉积一定的脂肪组织，其横切面就会呈现大理石花纹，这是比较理想的肌肉组织。

2. 结缔组织

结缔组织主要分布在肌肉与骨骼的相连处，以及皮下和肌肉组织的内外肌膜中，在动物体的前部和下部比较多。另外，动物体生长期长，活动量大，其结缔组织也比较多。结缔组织主要由胶原纤维、弹性纤维、网状纤维组成，这些纤维在短时间内不易被水解，但在80℃以上的热水中可慢慢膨润软化，所以在烹调结缔组织多的原料时宜用长时间、慢火的烹调方法。

3. 脂肪组织

脂肪组织主要沉积在动物体的皮下、内脏周围及腹腔内，一部分与蛋白质结合存在于肌肉组织中。脂肪组织由脂肪细胞构成。脂肪细胞的外围是由网状纤维组成的脂肪细胞膜，膜内有一层凝胶状的原生质和细胞核，大部分为脂肪油滴，如果把脂肪细胞膜破坏，再经加热，就可使脂肪变成液体流出来。

4. 骨骼组织

骨骼组织是动物体的支持组织，也是肌肉组织的依附体。骨骼组织分为硬骨和软骨两种，家畜的骨骼组织以硬骨为主。幼畜的骨骼较软，呈淡红色；成年家畜骨质硬，

呈白色。骨骼组织本身并无食用价值，但其含有一定量的钙、磷、镁和 10% 左右的脂肪，所以是煮汤的良好原料。

第二节　家　禽

一、家禽的种类

1. 家禽的分类

家禽按其用途可分为肉用型、卵用型、兼用型。

（1）肉用型。以产肉为主，体型较大，躯体宽而身较短，冠小，颈短而粗，肌肉发达，毛蓬松，动作迟缓，性情温顺，容易育肥，觅食力差，如美国的白洛克鸡、英国的科尼什鸡。

（2）卵用型。以产蛋为主，体型较小，细致紧凑，跖高身长，后躯发达，羽毛紧贴，活泼好动，代谢旺盛，性成熟早，产蛋多，蛋壳薄，肉质差，如意大利的来杭鸡、我国湖北的荆汇鸭。

（3）兼用型。体型介于卵用型和肉用型之间，保持两者优点，肉质良好，产蛋较多，性情温顺，体质健壮，觅食力强，如我国的芦花鸡和麻鸭。

其中肉用型家禽在烹调中使用较多。

2. 鸡的品种

家鸡由野生原鸡经长期饲养驯化而来，历史悠久，优良品种很多，影响较大的有以下几种。

（1）"九斤黄"。原产于我国山东和安徽合肥地区，是优良肉用鸡。"九斤黄"体躯大，雄性鸡重达 5.5 kg，雌性鸡重达 4.5 kg，羽毛多为黄色，故名"九斤黄"。其生长快，易育肥，肉质肥美。

（2）狼山鸡。原产于江苏南通，也是优良肉用鸡。狼山鸡的毛色多为黑色，间有白色，并带有绿色光泽。狼山鸡骨骼小，胸部肌肉发达，肉质细嫩，易育肥，雄性鸡重 3.5~4 kg，雌性鸡重 3~3.5 kg。

（3）白洛克鸡。原产于美国，是著名的肉用鸡。白洛克鸡体型大，毛色纯白，生长快，易育肥，雄性鸡重 4.5~5 kg，雌性鸡重 3.5~4 kg。

（4）科尼什鸡。原产于英国，是著名的肉用鸡。科尼什鸡腿短、鹰嘴、颈粗、翅小，体型大，毛色为红、白两种。雄性鸡重 5~6 kg，雌性鸡重 3.5~4 kg。

3. 火鸡的品种

火鸡又称吐绶鸡，原产于北美，如今在墨西哥仍有野生火鸡。火鸡头颈羽毛稀少，颈部有珊瑚状皮瘤，皮瘤的颜色会变化，颈直而短、体宽，胸部丰满，胸骨宽而直，腿短，尾部发达，现大多数国家都有饲养。火鸡的主要品种有以下几种。

（1）黑色火鸡。黑色火鸡是传统鸡种，与野生火鸡较接近，毛色全黑或间有灰白色，胸部肉色浅白，腿部肉色灰白。这种火鸡我国引进较早，但生长慢，出肉率低，个体较小，雄性火鸡重 6~8 kg，雌性火鸡重 3~4 kg。

（2）古铜色火鸡。古铜色火鸡也是传统鸡种，但经人工饲养后已有较大变异，毛色大体为古铜色，略带黑白斑纹，体型大，雄性火鸡重达 16 kg，雌性火鸡重达 9 kg。

（3）宽胸火鸡。宽胸火鸡是近几十年西方国家培育出的优良品种，这种火鸡胸部肌肉非常发达，腿部肉也很丰厚，生长快，出肉率高，瘦肉多，脂肪低，胆固醇低，蛋白质含量高。其具有代表性的品种有加拿大的海布里德火鸡、美国的尼古拉火鸡、法国的贝蒂纳火鸡等。

4. 鸭的品种

（1）北京鸭。原产于北京西郊玉泉山一带，现已遍布世界各地，是著名的肉用鸭。北京鸭育肥快，毛色纯白，体型大，颈粗，胸部发达，腹部下垂，腿短粗，肉质肥嫩鲜美，皮下脂肪较多。雄性鸭重 3~4 kg，雌性鸭重 2.5~3.5 kg。

（2）麻鸭。因其羽毛似麻雀，故名麻鸭。主要产于长江中下游地区，其中包括娄门鸭、高邮鸭、南京鸭等，都是优良的肉用鸭。

（3）洋鸭。原产于南美，我国主要分布在华南沿海各省。洋鸭生长快，一般舍养，毛色有黑、白、杂色数种。洋鸭体型大，近似椭圆形，肌肉丰满，肉质鲜美，雄性鸭重 4.5~5.5 kg，雌性鸭重 3~4 kg。

此外，在西餐中使用的家禽还有鹅、鸽、鹌鹑等。

二、家禽的品质特点及用途

1. 鸡的品质特点及用途

鸡从品质特点角度可以分为两大类，即普通鸡和肉鸡。普通公鸡又可分为小笋鸡、大笋鸡和老公鸡，普通母鸡又可分为雏母鸡、老母鸡。在我国，肉鸡习惯按重量分级；

西方国家大部分按生长期分级。现分述如下。

（1）小笋鸡。小笋鸡一般是指 7~8 周龄，净重 250 g 左右的鸡。这种鸡水分多，肉质嫩，但肉少，香味不充分。小笋鸡适宜整用，如焖笋鸡、铁扒笋鸡等。

（2）大笋鸡和老公鸡。大笋鸡指当年鸡，肉质较老；大公鸡指隔年鸡，肉质老。这两种鸡在西餐中很少使用。

（3）雏母鸡。雏母鸡是指生长期在半年以上不足一年的鸡。这种鸡肉质嫩，香味充分，可整用也可剔肉用，适宜煎、炸、烩、焖等多种烹调方法。但由于目前肉用鸡的普遍使用，雏母鸡的货源已很少。

（4）老母鸡。老母鸡是指生长期在一年以上的鸡。这种鸡肉质老，但香味充分，适宜长时间加热的烹调方法，尤其适宜煮汤。目前老母鸡的货源也很少。

（5）肉鸡。肉鸡是指目前普遍使用的肉用鸡。这种鸡肌肉丰满，水分充足，肉质嫩，但由于生长期短，香味不足，适宜煎、炸、烩、焖等烹调方法。

我国习惯按重量把肉鸡分成 4 级：特级每只重 1.2 kg 以上；大级每只重 1~1.2 kg；中级每只重 0.8~1 kg；小级每只重 0.6~0.8 kg。西方习惯按生长期把肉鸡分为 3 级：嫩鸡是指饲养期不足 3 个月的鸡，这种鸡肉质嫩，用途广泛，在西方市场上消费量比较大；育肥鸡是指饲养期 3~5 个月的鸡，这种鸡比嫩鸡肉质紧，香味足，使用也较普遍；老鸡是指饲养期超过 5 个月的鸡，这种鸡肉质较老，可用于煮汤。

2. 火鸡的品质特点及用途

火鸡在使用上有老火鸡和幼火鸡之分。幼火鸡重 2.5~5 kg，水分充足，肉质细嫩，适宜整用，烹调方法有烤、瓤馅、焖、烩等，以烤和瓤馅居多。老火鸡一般重 6~10 kg，肉质较粗老，适宜去骨后做火鸡卷。火鸡通常在冬季宰杀，是西方国家"圣诞节"和"感恩节"餐桌上不可缺少的佳肴。

3. 其他禽类的品质特点及用途

（1）鹅。鹅在世界范围内饲养很普遍，也有不少优良品种，一般肉用鹅大都饲养一年左右，若时间再长，肉质就会变粗老。鹅在使用上有幼鹅与成鹅之分，幼鹅是指饲养 5 个月以内的鹅，体重一般不超过 4 kg，这种鹅 9 月份宰杀比较适宜；成鹅体重可达 6 kg，1 月份宰杀比较好。烹调方法有烤、焖、烩等。鹅肝还可制作成鹅肝酱、鹅肝冻等名菜。

（2）鸽。鸽可分为家鸽、岩鸽和原鸽。家鸽由原鸽驯化而成，喙短，足短，体呈纺锤形，毛色不同，按用途可分为玩赏、传书和肉用三大类。肉用鸽体型较大，一般重 750~1 500 g，成长快，繁殖力强，特别是乳鸽，饲养 4 个星期已成熟，胸部饱满，肉质细嫩，味美，适宜整用也可分卸使用。烹调方法有烤、炸、焖和铁扒等。

（3）鹌鹑。鹌鹑又称"鹑"，体形小，身长 20 cm 左右，头小、尾秃，其明显的特点是颈和喉部为红色，周身羽毛白色。鹌鹑肉质嫩，味美，适宜整用，烹调方法有烤、焖、铁扒等。目前我国已大量人工饲养。

第三节　蔬　菜

一、蔬菜的分类

蔬菜的品种很多，按照蔬菜的可食部位可分为叶菜类、茎菜类、果菜类、根菜类、花菜类、食用菌类。

1. 叶菜类

叶菜类是以叶片和叶柄作为可食部位的蔬菜，按其形状的不同又可分为普通叶菜和结球叶菜。普通叶菜品种很多，常见的有菠菜、油菜、芥菜、茴香、香菜等。结球叶菜有洋白菜、团生菜、抱子甘蓝等。

2. 茎菜类

茎菜类是以肥大的茎部为可食部位的蔬菜，按其生长状况的不同可分为地上茎和地下茎。地上茎包括芦笋、竹笋、莴笋等，地下茎包括马铃薯、莲藕等。

3. 果菜类

果菜类是以植物的果实或种子作为可食部位的蔬菜，按其形状不同可分为瓜果、茄果和豆类。瓜果包括黄瓜、冬瓜、南瓜等，茄果包括番茄、茄子、辣椒等，豆类有扁豆、豌豆、豇豆等。

4. 根菜类

根菜类是以植物变态的肉质根为可食部位的蔬菜。根菜类包括各种萝卜、辣根、山药等。

5. 花菜类

花菜类是以植物的花为可食部位的蔬菜。常见的花菜有花椰菜、朝鲜蓟、金针菜等。

6. 食用菌类

食用菌类是指可供食用的真菌类植物。常见的食用菌有双孢蘑菇、香菇、草菇等。

二、西餐经常使用的蔬菜

1. 洋白菜

洋白菜又名结球甘蓝，原产于地中海沿岸，我国早已普遍栽培。北方多为春秋季上市，南方多为冬春季上市。

洋白菜按其叶球形状的不同可分为尖头型、圆头型、平头型三种。

（1）尖头型。尖头型菜多为春季上市。叶球较小，呈心状，中心柱高，结球不紧，叶片较薄，质量较次。

（2）圆头型。圆头型菜为中熟品种，上市较尖头型晚。叶球中等，圆形，结球紧，白绿色，质量较好。

（3）平头型。平头型菜为晚熟品种，秋冬季上市。此种菜结球较大，扁圆形，中心柱短，结球紧实，叶片厚，耐储藏，品质好。

优质的洋白菜要求新鲜清洁，叶球紧实，形状端正，不带烂叶、大根和泥土，无外伤和病虫害。

洋白菜在西餐中使用非常广泛，可用来做汤、配菜和冷菜。

2. 菠菜

菠菜又名赤根菜，原产波斯（伊朗），唐朝传入我国，现已普遍栽培。菠菜按其叶片的形状可分为尖叶和圆叶两个类型。尖叶型菠菜叶片呈箭头形，叶柄长而叶肉较薄，根粗，含纤维素较多，秋冬季上市，质量一般。圆叶型菠菜叶片呈卵圆形或椭圆形，叶片大，叶肉肥厚，叶柄短，质地较嫩，但含草酸较多，春夏季上市。

菠菜在西餐中使用也很广泛，可用来做配菜、汤，并可打成菜泥用于调色。

3. 芹菜

芹菜属伞形科二年生草本植物，原产于地中海沿岸，我国早已普遍栽培。芹菜可分为本芹（中国类型）和洋芹（欧洲类型）两种。本芹根大，空心，叶柄细长，柄呈绿色或紫色，纤维较粗，香味浓，可食部分较少。洋芹根小，棵高，叶柄宽肥，实心，质地脆嫩，香味淡，可食部位较本芹多。芹菜的品质要求以大小整齐，不带老梗、黄叶，叶柄无锈斑、虫伤，色泽新鲜，叶柄充实肥嫩为佳。

芹菜在西餐烹调中使用广泛，可用来制作汤菜、冷菜和配菜。

4. 生菜

生菜又名叶用莴苣，是莴苣的变种。生菜原产于地中海沿岸，现在我国已普遍栽培。生菜按其叶子形状分为团生菜和花生菜两种。

团生菜叶内卷成球状，按其颜色又分为青口、白口、青白口以及紫生菜和红生菜。青口菜棵大，色绿，纤维素多；白口菜棵小，色白，叶片薄，品质细嫩；青白口菜介于以上两者之间；紫生菜、红生菜色泽鲜艳，质地较嫩，目前在我国栽培较少。

花生菜叶长而薄，皱纹浅大，叶边有深刻锯齿，色绿，叶散生不结球。直梗色白，粗纤维较多。

生菜主要用于制作冷菜，并可作为各种菜肴的装饰品。

5. 洋葱

洋葱又名葱头，属百合科，二年或多年生植物。原产于亚洲西部，目前在我国已普遍栽培。洋葱以肥大的肉质鳞茎为可食部位。洋葱按其颜色不同可分为黄皮、红皮、白皮三种。

黄皮洋葱呈扁圆球形或圆球形，外皮黄色，鳞片较薄，黄白色。其味微辣并带甜味，质地较嫩，适于储运，一般夏季上市。

红皮洋葱呈扁圆球形，外皮紫红，鳞片较厚，浅红色。其水分少，辣味浓，质地较粗，适于储运，一般秋季上市。

白皮洋葱又分扁白皮和圆高桩白皮两种。扁白皮洋葱呈扁圆球形，个较小，外皮白色，水分较多，味稍辣，一般4月至5月份上市。圆高桩白皮洋葱呈圆球形，个大，色洁白，鳞片较厚，水分多，质地嫩，味甜，适宜生吃，8月至9月份上市。

洋葱是西餐的主要蔬菜之一，广泛用于各式菜肴及汤汁的制作。

6. 番芫荽

番芫荽又名洋香菜，原产于希腊，现已遍及欧洲，目前在我国有少量栽培。番芫荽属伞形科草本植物，茎直立细长，叶片小，色翠绿，美观，有特有的清香味。

番芫荽多用于菜肴点缀，也可用于冷热菜肴的调味料。

7. 大蒜

大蒜又名胡蒜，属百合科，多年生宿根植物，原产于亚洲西部，汉代传入我国。大蒜的品种很多，按其皮色不同可分为紫皮蒜和白皮蒜。紫皮蒜瓣大，瓣数少，辣味浓，品质好。白皮蒜又分为大白皮和狗牙蒜两种，前者蒜头大、瓣均匀，后者瓣细小。白皮蒜味淡，宜腌制。

8. 石刁柏

石刁柏又名芦笋，属百合科，多年生宿根植物，因其枝叶如松柏状，故名石刁柏。石刁柏的可食部位是其地下和地上的幼茎。其自春季从地下抽薹，如不断培土并使其

不见阳光，长成后即为白石刁柏，多用来制作罐头。如使其见光生长，即为绿石刁柏，可鲜食或制成速冻品。石刁柏可用于制作配菜，或作为菜肴的辅料。

9. 土豆

土豆又名马铃薯、洋芋、山药蛋。土豆原产于南美高原，现已在世界范围内广为栽培。土豆按其皮色可分为白皮、黄皮、红皮三种。白皮土豆外皮光滑，灰白色，茎肉呈乳白色，水分较大。黄皮土豆外皮暗黄，茎肉呈淡黄色，淀粉含量高，口味较好。红皮土豆外皮暗红，质地紧密，水分少，质量较次。

土豆在西餐中使用广泛，可用来制作配菜、汤和冷菜及热菜。

10. 胡萝卜

胡萝卜原产于地中海沿岸和亚洲西部，元代传入我国，属伞形科，一年或二年生植物。胡萝卜的可食部位是其肥嫩的肉质直根。其品种很多，按颜色可分为黄、红、紫三种。其中黄色胡萝卜长约 20 cm，圆锥形，水分多，质脆，味略甜，质量较好。红色、紫色胡萝卜质量次之。

胡萝卜使用广泛，可用来制作配菜及冷热菜。

11. 辣根

辣根又称马萝卜，属十字花科，多年生宿根草本植物。原产于欧洲南部，现在我国有少量栽培。辣根的可食部位是其肉质根，长 30~50 cm，外皮较厚，暗黄色，根肉白色，水分少，有强烈的辛辣味。

辣根主要用于制作辣根少司、佐食冷肉类及冻类菜肴。

12. 黄瓜

黄瓜又名胡瓜、王瓜，属葫芦科，一年生草本植物。黄瓜原产于印度，汉代传入我国。黄瓜按其形状不同分为刺黄瓜、鞭黄瓜、秋黄瓜三种。

刺黄瓜表面有 10 条凸起的纵棱和较大的果瘤，瘤上生白色刺毛。刺黄瓜瓜籽少，瓤小，质地脆嫩，味清香，品质好。

鞭黄瓜表面光滑，无果瘤，瓜体长，呈棒形。鞭黄瓜肉较薄，瓤大，品质较次。

秋黄瓜瓜面有小棱和刺毛，瓜呈棒形，色深绿，顶部有黄条线，肉厚，瓤小，质脆，品质较好。

黄瓜可用于制作配菜或冷菜。

13. 番茄

番茄又名西红柿、火柿子，属茄科，一年生蔬菜。原产于南美北部，清末传入我国，现在我国已普遍栽培。番茄可食部位是其多汁的浆果。番茄品种很多，按其色泽不同可分为红色、粉色、黄色三种。

红色番茄颜色火红，略呈扁圆球形，蒂小，肉厚，味甜，汁多，质量较好。另外，还有一种桃形小番茄，颜色鲜红，肉厚，蒂小，汁少，适宜制酱。

粉色番茄呈粉红色，近似圆球形，肉厚，汁多，酸甜适中，品质较好。

黄色番茄呈橘黄色，果大，圆球形，果肉厚，肉质面沙，味淡，质一般。

番茄广泛用于配菜装饰，并用于制作汤汁及冷热菜肴。

14. 青椒

青椒又称柿子椒、灯笼椒，属茄科，一年生或多年生蔬菜。青椒原产于南美，明代传入我国，现在我国已普遍栽培。青椒的品种很多，按其形状不同可分为弯把青椒、直把青椒、包子椒等。

弯把青椒果实大，呈灯笼状，表面有 3~4 条纵沟，把弯，根粗，肉厚，深绿色，味甜微酸，品质好。

直把青椒果实略小于弯把青椒，呈灯笼状，表面有 3~4 条纵沟，把直，根细，绿色，味稍甜微辣，品质较好。

包子椒果实小，状似包子，黄绿色，表面有 6 条纵沟，肉薄，籽多，味淡，品质较次。

青椒广泛用于制作冷热菜肴。

15. 红菜头

红菜头又名紫菜头，是藜科甜菜属植物。红菜头原产于希腊，后传入东欧，清代后期传入我国。红菜头的可食部位是其变态的块根，多呈扁圆锥形，外皮灰黑。根肉含有较多的甜菜红素，呈紫红或鲜红色，与糖甜菜串色后可呈红白相间的花色。

红菜头色泽鲜艳，常用来制作沙拉、汤及配菜，并可作为菜肴的装饰点缀原料。

16. 菜花

菜花又名花椰菜，属十字花科，是甘蓝的一个变种，原产于南欧，现在我国已普遍栽培。菜花的可食部位是其变态的花蕾，按其生长期的不同可分为春菜花和秋菜花。春菜花 5 月前后上市，秋菜花 11 月左右上市。秋菜花比春菜花个稍大。优质菜花色洁白，肉厚，坚实，无黑斑，无虫咬。

菜花常用于制作配菜和冷菜，也可作热菜的辅料。

17. 西蓝花

西蓝花又名绿菜花、茎椰菜，属十字花科，也是甘蓝的变种，原产于意大利，现在我国已有栽培。西蓝花介于茎用甘蓝（茎蓝）和菜花之间，其可食部位是松散的小花蕾及其嫩茎。西蓝花的主茎顶端形成绿色的花球，但结球不紧密。优质的西蓝花呈深绿色，质地脆嫩，无虫咬。

西蓝花色泽鲜艳，常用于制作配菜，也可作为菜肴的装饰。

18. 鲜蘑

鲜蘑又名双孢蘑菇、洋蘑菇，属担子菌纲伞菌科。其产地非常广泛，在我国和欧洲一些国家均有生产。鲜蘑菌盖呈白色或淡黄色，幼菇为半球形，边缘内卷，随成熟逐渐展开呈伞形。此种蘑大都为人工培植，可供鲜食，也可制成罐头。优质的鲜蘑个大，均匀，质地嫩脆，口味鲜美。

鲜蘑在西餐中广泛用于冷热菜的配料，有些菜肴中还作为主料使用。

19. 香菇

香菇又名香菌，属担子菌纲伞菌科。其产地广泛，在我国南方和欧洲一些国家均有生产。香菇按其产期的不同可分为花菇、冬菇和薄菇。

花菇产于冬季的雪后，表层有花纹，菇肉厚，质地嫩，香味浓，是香菇中的上品。

冬菇又称厚菇，产于冬季，菇肉厚，菌盖比花菇大，背面隆起，边缘下卷，无花纹，质量仅次于花菇。

薄菇又称平菇，产于春季，菌面平薄，不卷边，香味淡，质较次。

优质的香菇味浓，菇肉厚，大小均匀，整齐不碎，菇柄短粗，干燥不潮。香菇在西餐烹调中常用作菜肴的配料。

第四节 果 品

果品在西餐中使用非常广泛，既可直接食用，也可制成各种菜点。其品种很多，可分为鲜果和干果两大类。

一、鲜果

鲜果的品种很多，大多数是不同植物科属的乔木植物的果实。鲜果水分充足，清香甘美。现把常见的鲜果介绍如下。

1. 苹果

苹果属蔷薇科，落叶乔木。苹果产地非常广泛，中国苹果又称锦苹果，主要分布在我国长江以北广大地区；西洋苹果又称大苹果，主要分布在欧洲、中亚、西亚等地区。

苹果的品种很多，按其生长期的不同可分为伏苹和秋苹。伏苹为早熟品种，7月份上市，其果实质地疏松，味多带酸，不适于储存，产量较小。秋苹有早秋苹和晚秋苹之分。早秋苹9月份成熟，质地较伏苹坚实，味多甜酸，适于储存。晚秋苹在10月份成熟，果实坚实，脆甜稍酸，果皮较厚，适于储存。

2. 梨

梨属蔷薇科落叶乔木，广泛产于温带地区。梨的品种很多，可分为秋子梨、白梨、沙梨、洋梨四类，品质各异。梨质地脆嫩多汁，味甘甜，含有丰富的维生素C，可生食，也可制冷热菜和甜食。

3. 葡萄

葡萄是世界上古老的水果品种之一，属葡萄科落叶木质藤本。美洲葡萄原产于北美大西洋沿岸，在我国栽培较少。

4. 桃

桃属蔷薇科小乔木，原产于我国，历史悠久，现在世界各地栽培的桃种大都源于我国。桃的品种很多，按其生态条件和形态特征可分为北方桃、南方桃、黄肉桃、蟠桃和油桃等品种。

优质的桃形态端正，色泽美观，皮薄易剥，肉色白净，粗纤维少，肉质柔软，汁多，味甜，香浓。

5. 柑橘

柑橘属芸香科，是世界上主要水果品种之一。我国是柑橘的原产地，栽培历史悠久。柑橘品种很多，按其果实特征分为橘、柑、橙三类。

橘类：橘类果实不大，果皮有淡黄、橙黄、米黄等色，皮面平滑或有凸起，白皮层较薄，果皮易剥离。其主要品种有早橘、乳橘等。

柑类：柑类果实一般比橘大，皮色橙黄，白皮层较厚，果皮比橘紧，但可剥离。其主要品种有蜜柑、瓯柑等。

橙类：橙类果实扁平，圆球形，果皮与果肉连接紧密，难剥离。其主要品种有甜橙、脐橙、血橙等。

6. 柠檬

柠檬属芸香科，常绿小乔木，原产于地中海沿岸及马来西亚等国。柠檬果呈长圆形或卵圆形，色淡黄，表面粗糙，先端呈乳头状，皮厚，有芳香味，果汁充足而酸，在西餐烹调中广泛用于调味。

7. 香蕉

香蕉属芭蕉科，多年生草本植物，广泛产于亚洲热带地区。香蕉生长很快，一年

四季均有生产，其为长圆条形，果皮易剥落，果肉呈黄白色，无种子，质地柔软，口味芳香甘甜。

8. 菠萝

菠萝又称凤梨，属凤梨科，多年生草本植物。菠萝原产于巴西、阿根廷等地，现已广泛栽培。菠萝品种很多，可分为皇后类、卡因类、西班牙类三种。鉴别其质地的方法是看其成熟度，成熟度适中者品质较好。

9. 荔枝

荔枝又名丹荔，属无患子科，常绿乔木，植株可高达 20 m，原产于我国南方。近百年来印度、美国、古巴等国从我国引种了荔枝，但质量均不如我国。荔枝的品种很多，常见的有三月江、圆枝、黑叶、元红、桂绿等。荔枝贵在新鲜，优质的荔枝要求色泽鲜艳、个大、核小、肉厚、质嫩、汁多、味甜，富有香气。

10. 猕猴桃

猕猴桃又名奇异果、藤梨，原产于我国中南部，现已有很多国家引种，是世界上的一种新兴水果。猕猴桃为卵形，果肉呈绿色或黄色，中间有放射状小黑籽。其品质独特，甜酸适口，维生素 C 含量为水果之冠。猕猴桃以果实大、无毛、果细、水分充足者为上品。

11. 草莓

草莓属蔷薇科，多年生草本植物，产于我国及欧洲。草莓的品种很多，一般以个大、果形整齐、色泽鲜艳、汁液多、香气浓、无外伤腐烂为上品。

二、干果

干果又称坚果，大多是植物的果实或种子。干果含水分较少，质地坚硬，耐储存，一般需加工成熟后食用，常作为各种菜点的配料。现把较为常见的干果介绍如下。

1. 核桃

核桃又名胡桃，是胡桃科常绿乔木，广泛产于温带，我国黄河以北地区产量居多。核桃果实近似球形，果皮坚硬，有浅皱褶，为黄褐色，质脆嫩，含油质，味淡香。核桃仁在西餐中可作多种菜点的配料。

2. 板栗

板栗又称栗，属山毛榉科落叶乔木，产于温带，在我国主要产于黄河以北地区。板栗果实近似球形，表皮包有密刺，内有坚果 2~3 个。其种皮易剥离，果肉呈淡黄色，肉质细密，味甘。板栗在西餐中可作多种菜点的配料。

3. 花生

花生又称落花生，为豆科一年生草本植物，广泛产于温带地区。花生的荚果为长椭圆形，果皮厚，革质，种仁为白色，外包淡红色薄膜。花生在秋末成熟，品种较多，一般以粒大均匀、颗粒饱满、无虫咬、无霉变者为上品。花生在西餐中可作多种菜点的配料。

4. 杏仁

杏属蔷薇科落叶乔木，原产于我国北方，现在世界上已普遍栽培。杏仁是由杏的果仁干制而成，一般采用果仁较大的杏制作。优质的杏仁呈扁形，个大，肉质较密，脆而香甜，出油率高。杏仁在西餐中可作多种菜点的配料。

第五节　常用调味品

西餐中使用的调味品种类非常多，本节重点介绍在西餐中常用的调味品。

一、一般调味品

1. 食盐

食盐是在世界上使用最广泛的调味品，其主要成分是氯化钠，此外，还含有少量的氯化钾、氯化镁、硫酸钙等成分。其按来源可分为海盐、湖盐、井盐和岩盐，其中海盐使用最普遍。海盐因加工方法的不同又分为大盐和精盐。

（1）大盐。大盐是在沿海地区利用自然条件把海水晒制成饱和溶液，使氯化钠结晶析出而形成的。大盐颗粒大，结构紧密，色泽灰白，氯化钠含量在94%左右。由于大盐颗粒大，溶解慢，且略带有苦涩味，所以不适合在烹调中调味，只适宜腌制菜肴。

（2）精盐。精盐又称再制盐，是把大盐溶化成饱和溶液后，去除杂质，再经蒸发而成的。精盐呈粉末状，色洁白，质地纯，氯化钠含量在96%以上，溶解快，适宜调味。

优质的食盐色洁白，味纯正，疏松，不结块。食盐易溶于水，吸湿性强，如果环境湿度超过70%，就会使食盐潮解，所以食盐应保存在干燥的容器中，并注意保持清

洁卫生。

2. 食糖

食糖是以甘蔗或甜菜为原料，经榨汁后加工制成的调味品。食糖的品种很多，现把西餐中常用的品种分述如下。

（1）白砂糖。白砂糖是食糖中最纯的一种，食糖含量在99%以上，色泽洁白，结晶如砂粒，在西餐中使用广泛。优质的砂糖洁白光亮，颗粒均匀，松散干燥，水溶液透明度高，无杂质，无异味。

（2）绵白糖。绵白糖纯度不如砂糖高，食糖含量在97%~98%，有少量的水分和还原糖。绵白糖质地绵软细腻，溶解快，适宜制作快速烹调的菜肴。优质的绵白糖颗粒细小均匀，色泽洁白，不含带色糖粒和杂质，能完全溶解于水。

（3）红糖。红糖又称赤砂糖，是未经提纯的甘蔗制品。红糖颜色褐红，光亮，绵软，除甜味外，还带有甘蔗的浓郁香味，适宜制作圣诞布丁等甜食。

（4）方糖。方糖是用优质砂糖加工压制而成的，呈长方形，色洁白。优质的砂糖结块整齐，无杂质，溶解快。

3. 蜂蜜

蜂蜜是最早的甜味剂，营养丰富，含有75%左右的葡萄糖和果糖，含17%~18%的水分及少量的蔗糖、蛋白质、矿物质、有机酸、酶类、芳香物质等。蜂蜜适宜用来制作甜食，也可制作菜肴。

4. 辣酱油

辣酱油是西餐中广泛使用的调味品，19世纪初传入我国，因其色泽风味与酱油接近，所以习惯上称为辣酱油。辣酱油的主要成分有海带、番茄、辣椒、洋葱、砂糖、盐、胡椒、大蒜、陈皮、豆蔻、丁香、糖色、冰糖等。优质的辣酱油为深棕色，流体，无杂质，无沉淀物，口味浓香，酸、辣、咸、甜各味适中，其中英国产的李派林辣酱油较为著名，在西餐中使用比较普遍。

5. 醋

醋也是主要的调味品之一，因其制作方法不同，可分为发酵醋和人工合成醋两类。在西餐中经常使用的醋有以下几种。

（1）葡萄醋。葡萄醋是用葡萄或酿葡萄酒的糟渣发酵而成，有红葡萄醋和白葡萄醋两种，口味酸并带有芳香气味。

（2）苹果醋。苹果醋是用酸性苹果、沙果、海棠等经发酵制成，色泽淡黄，口味醇，鲜而酸。

（3）醋精。醋精是用冰醋酸加水稀释而成，醋酸含量高达30%，口味纯酸，无香味，使用时应控制用量或加水稀释。

（4）白醋。白醋是用醋精加水稀释而成，醋酸含量不超过 6%，其特点与醋精相似。

6. 番茄酱

番茄酱是西餐中广泛使用的调味品，用红色小番茄经粉碎、熬煮，再加适量的食用色素制成。优质的番茄酱色泽鲜艳，浓度适中，质地细腻，无颗粒，无杂质。

7. 咖喱粉

咖喱粉是由多种香辛料混合调制成的复合调味品。其制作方法最早源于印度，以后逐渐传入欧洲，目前已在世界范围内普及，但仍以印度及东南亚国家生产的咖喱粉为佳。制作咖喱粉的主要原料是姜黄粉伴以胡椒、辣椒、肉桂、豆蔻、丁香、莳萝、孜然、茴香等原料。目前我国制作的咖喱粉调味料较少，主要有姜黄、白胡椒、茴香粉、辣椒粉、桂皮粉、茴香油等。优质的咖喱粉香辛味浓烈，用热油加热后颜色不变黑，色味俱佳。

二、香辛调味品

1. 香叶

香叶又称桂叶，是桂树的叶子。桂树原产于地中海沿岸，属樟科植物，为热带常绿乔木，20 世纪 60 年代初我国海南岛开始引种。目前，我国广东、广西、云南、四川等地均有种植。香叶一般两年采摘一次，采集后经日光晒干即成。香叶可分为两种：一种是月桂（又称天竺桂）的叶子，形椭圆，较薄，干燥后颜色淡绿；另一种是细叶桂，其叶较长且厚，背面凸出，干燥后颜色淡黄。香叶是西餐特有的调味品，干制品和鲜叶都可使用，用途广泛。

2. 胡椒

胡椒又名浮椒、玉椒，原产于马来西亚、印度尼西亚、印度等地，20 世纪 50 年代初我国开始在海南岛栽培，目前已在广东、广西、云南等地引种。胡椒为被子植物，多年生藤本，夏季开花，果实为黄红色浆果，其香辣成分主要是胡椒碱、辣椒脂以及少量的挥发油。胡椒按品质及加工方法的不同，又分为黑胡椒和白胡椒：黑胡椒是用未成熟的或自然落下的果实发酵而成；白胡椒是用成熟的果实经流水浸泡，去除外皮，洗净、晒干而成。优质的胡椒颗粒均匀、硬实，香味强烈。白胡椒白净，含水量低于12%；黑胡椒外皮不脱落，含水量在 15% 以下。

3. 肉豆蔻

肉豆蔻原产于印度尼西亚、马来西亚等地，现我国南方已有栽培。肉豆蔻又叫"肉果"，为豆蔻科的常绿乔木。肉豆蔻近似球形，淡红色或黄色，成熟后剥去外皮取其果仁，经浸泡、烘干后即可作为调料。干制后的肉豆蔻表面呈灰褐色，质地坚硬，切面有花纹。肉豆蔻气味芳香而强烈，味辛而微苦。优质的肉豆蔻个大，香味明显。肉豆蔻在烹调中主要用于调肉馅以及制作西点和土豆菜肴。

4. 丁香

丁香又名雄丁香，原产于印度尼西亚等地，现我国南方也有栽培。丁香属桃金娘科常绿乔木，丁香树的花蕾在每年 9 月至来年 3 月间由青逐渐转为红色，这时将其采集后，除掉花柄，晒干后即成调味用的丁香。干燥后的丁香为棕红色，长 1.5~2 cm，基部渐狭小，下部呈圆柱形。优质的丁香坚实而重，入水即沉，刀切有油性，气味芳香微辛。丁香是西餐中常见的调味品之一，可作为腌渍香料和烤焖香料。

5. 桂皮

桂皮是菌桂树的皮。菌桂树属樟科常绿乔木，主要产于东南亚及地中海沿岸，我国南方亦产。菌桂树多为山林野生，7 年以上则可剥去其皮，经晾干后即是调味用的桂皮。桂皮含有 1%~2% 挥发性桂皮油，具有芳香和刺激性甜味，并有凉感。优质的桂皮为淡棕色，并有细纹和光泽，用手折时松脆、带响，用指甲刮时有油渗出。桂皮在西餐中常用于腌渍水果、蔬菜，也常用于制作甜点。

6. 百里香

百里香又名麝香草，英文名称是 thyme。百里香主要产于地中海沿岸，属唇形科多年生灌木状草本植物，全株高 18~30 cm，茎为菱形，叶无柄，上有绿点。茎叶富含芳香油，主要成分有百里香酚，含量约为 0.5%。百里香的叶及嫩茎可用于调味，干制品和鲜叶均可使用。其主要用于制作汤、肉类菜肴，法、美、英式菜中使用较为广泛。

7. 迷迭香

迷迭香英文名称是 rosemary，原产于南欧。迷迭香属唇形科常绿小乔木，高 1~2 m，叶对生，线形，革质。其夏季开花，花为唇形、紫红色，轮生于叶腋内。其茎、叶、花都可提取芳香油。迷迭香的茎、叶无论是鲜品还是干制品都可用于调味。迷迭香常用于调制肉馅和制作烤肉、焖肉时的调味，使用时量不宜过大，否则会有苦味。

8. 他拉根香草

他拉根香草又叫茵陈蒿、蛇蒿，主产于南欧。与我国药用的茵陈不同，其叶长且呈扁状，干后仍为绿色，有浓烈的香味，并有薄荷的味感。他拉根香草用途广泛，常用于禽类、汤类、鱼类菜肴的制作，也可泡在醋内制成他拉根醋。

9. 鼠尾草

鼠尾草英文名称是 sage。鼠尾草原产于地中海沿岸地区，其叶白、绿相间，香味浓郁，嫩茎可用于调味。鼠尾草主要用于鸡、鸭、猪类菜肴及肉馅类菜肴的制作。

10. 莳萝

莳萝又称土茴香，英文名称是 dill。莳萝原产于南欧，现北美及亚洲南部地区均产。莳萝属伞形科多年生草本植物，叶为羽状分裂，最终裂片为狭长线形，果实椭圆形，叶和果实都可作为香料。在烹调中主要用其叶调味，用途广泛，常用于海鲜、汤类及冷菜的制作。

11. 罗勒

罗勒的英文名称是 basil，产于亚洲和非洲的热带地区，我国中部、南部均有栽培。罗勒属唇形科草本植物，茎为方形，多分枝，常带紫色，花呈白色略带紫红，茎叶含有挥发油，可作为调味品。罗勒常用于番茄类菜肴、肉类菜肴及汤类的制作。

12. 牛膝草

牛膝草原产于地中海地区，现已在世界各地普遍栽培。牛膝草的叶可用于调味，整片或搓碎使用均可，法式、意大利式及希腊式菜肴使用较为普遍，常用于味浓的菜肴。

13. 阿里根奴

阿里根奴的英文名称是 oregano，原产于地中海地区，第二次世界大战后美国及其他美洲国家普遍种植。其叶子细长且圆，花有一种刺鼻的芳香，在意大利式菜肴中使用最为普遍，是制作馅饼不可缺少的调味品。

14. 红椒粉

红椒粉的英文名称是 paprika，又称甜椒粉。红椒是茄科一年生草本植物，状如柿子椒，果实较大，呈红色，味清香，不辣，略甜，干后可制成粉，主要产于匈牙利。红椒粉在烹调中使用广泛，常用于调味或调色。

第四章

西式烹调基本技法

第一节　刀工操作基本技法

一、刀工操作姿势与要求

1. 刀工操作姿势

对于厨师来讲，掌握正确的刀工操作姿势有利于提高工作效率、减少疲劳、保障身体健康。刀工操作时，一般有以下两种站立姿势。

（1）八字步站法。双脚自然分开，与肩同齐，呈八字形站稳，上身略前倾，但不要弯腰，目光注视两手操作的部位，身体与菜板保持一定距离。这种站法双脚承重均等，不易疲劳，适宜长时间操作。

（2）丁字步站法。双脚自然分立，左脚竖直向前，右脚横立于后，呈丁字形，重心落在右脚上，上身挺直，略向右侧，头微低，目光注视双手操作部位，身体与菜板保持一定距离。这种站姿优美，但易疲劳，操作时可根据需要将身体重心交替放在左右脚上。

2. 握刀方法

用右手拇指、食指捏住刀的后根部，其余三指自然合拢，握住刀柄，掌心稍空，不要将刀柄握死，但要握稳；左手按住原料，使之不移动，并注意双手相互配合。

3. 刀工操作的注意事项

刀工操作是比较细致且劳动强度较大的工作，故在操作中既要提高工作效率，又要避免出现事故，应注意以下几点：

（1）操作时注意力集中，认真操作，不说笑打闹。

（2）操作姿势正确，熟练掌握各种刀法的要领，以提高工作效率。

（3）操作时，各种原料、容器要摆放整齐，有条不紊。

（4）操作完毕要打扫卫生，并将工具等摆放回原位。

二、常用刀法

西餐中常用刀法有切、片、拍、剁等。

1. 切

切是使用非常广泛的加工方法，主要适用于加工无骨鲜嫩原料。操作要领为：右手握刀，左手按住原料，刀与原料垂直，左手中指的第一关节部凸出，顶住刀身左侧，并与刀身垂直，然后均匀运刀后移。

根据运刀方法的不同，切又分为直切、推切、拉切、推拉切、锯切、滚切、铡切、转切等。

（1）直切法。用刀笔直地切下去，一刀切断，运刀时既不前推也不后拉，着力点在刀的中部。这种刀法适用于一些脆硬性原料的加工，如各种新鲜蔬菜。

（2）推切法。用刀由上往下切压的同时把刀前推，由刀的中前部入刀，最后着力点为刀的中后部。这种刀法适宜加工较厚的脆硬性原料，如土豆片、胡萝卜片等；也适宜加工略有韧性的原料，如较嫩的肉类。

（3）拉切法。用刀由上往下切压的同时，运刀后拉，由刀的中后部入刀，最后着力点在刀的前部。这种刀法适宜加工一些较细小或松脆性原料，如黄瓜、芹菜、番茄等。

（4）推拉切法。用刀由上往下压切的同时，先运刀前推，再后拉，前推便于入刀，后拉将其切断，由刀的中部入刀，最后着力点在刀的中部。这种刀法适宜加工韧性较大的原料，如各种生的肉类原料。

（5）锯切法。用刀由上往下压切的同时，先前推，再后拉，反复数次，将原料切断，由刀的中部入刀，最后着力点仍在中部。这种刀法适宜加工较厚的并带有一定韧性的原料，如各种熟肉等。

（6）滚切法。用刀由上往下压切，切一刀将原料滚动一定角度，着力点一般在刀的中部。这种刀法适宜加工圆形或长圆形脆硬性原料，如胡萝卜块、土豆块等。

（7）铡切法。右手握刀柄，左手按住刀背前端，双手平衡用力，由上往下压切，

或是双手交替用刀压切下去。这种刀法适宜加工易滑的原料，如奶酪、大块黄油；也适于原料的切碎，如切葱末、蒜末等。

（8）转切法。用刀由上往下直切，切一刀将刀或原料转动一定角度，着力点在刀的中部。这种刀法适宜加工圆形的脆硬性原料，如将胡萝卜、洋葱、橙子等切成月牙状。

2. 片

片也是使用较广泛的刀法之一，适宜加工无骨的原料或带骨的熟料。根据运刀方法的不同，片又分为平刀片、反刀片、斜刀片三种。

（1）平刀片。左手按稳原料，手指略上翘，刀与原料平行移动。平刀片根据运刀方法的不同又分为直刀片、拉刀片、推拉刀片。

1）直刀片。即从原料的右端入刀，平行前推，一刀片到底，着力点在刀的中部。这种刀法适宜片形状较大、质地软嫩的原料，如肉冻。

2）拉刀片。即从原料右前方入刀，入刀后由前往后平拉，将原料片开。这种刀法适宜片形状较小、质地软嫩的原料，如鸡片、鱼片、虾片等。

3）推拉刀片。右手握刀从原料中部入刀，向前平推，再后拉，反复数次，将原料片断。此种方法一般由原料下方开始片。这种刀法适宜片韧性较大的原料，主要是各种生肉类。

（2）反刀片。左手按稳原料，右手握刀，刀口向外，与原料成锐角，用直刀片或推拉刀片的方法将原料自上而下斜着片下。这种刀法适宜片较大、带骨且有一定韧性的熟料，如烤牛肉等。

（3）斜刀片。又称抹刀片。左手按稳原料，右手持刀，刀口向里，与原料成钝角，用拉刀片的方法将原料自上向下斜着片下。这种刀法适宜片形状较小、质地较嫩的原料，如里脊、鱼、虾等。

3. 拍

拍是西餐中传统的加工方法，主要用于肉类原料的加工，如牛排、猪排等。操作方法是：将切成块的肉类原料横断面朝上放于菜墩上按平，右手握住拍刀用力下拍，左手按住骨把，如无骨把，就每拍一下左手随之按住原料，以防拍刀把原料带起。为避免拍刀刀面发黏，可在刀面上抹一点清水。操作时用力的大小根据原料的韧性而定。

拍的方法又可分为直拍和拉拍两种。

（1）直拍。右手握拍刀，朝下直拍下去，将原料纤维拍松散。这种刀法适宜加工较嫩的原料，或是用于原料拍制的开始阶段。

（2）拉拍。右手握拍刀，从上往下用力拍的同时，把刀向后或左、右拉出，这种刀法适宜加工韧性较大的原料，或拍制较薄的原料。

具体操作时常常是两种刀法交替使用，先用直拍法把原料纤维拍开，再用拉拍法把原料拍薄。

4. 剁

剁是西餐中常使用的加工方法。根据加工要求的不同，剁又可分为剁断、剁烂、剁形三种方法。

（1）剁断。左手按住原料，右手握刀，用小臂和腕部的力量直剁下去。要求运刀准确、有力，一刀剁断，不要反复。这种刀法适宜加工带有细小骨头的原料，如鸡、鸭、猪排等。

（2）剁烂。将原料先加工成小块、小片状，然后用刀直剁，将原料剁烂。要求边剁边翻动原料，使其均匀一致。这种刀法适宜加工肉泥、鱼泥、虾泥等无骨的肉类原料。

（3）剁形。将经过拍加工的原料平放在菜墩上，右手握刀，用刀尖将原料的粗纤维剁断，同时左手配合收边，逐步剁成所需形状，如树叶形、圆形、椭圆形等。要求剁得"碎而不烂"，既要将粗纤维剁断，又不要剁得过烂。这种刀法适宜加工各种肉排、鸡排等。

5. 其他刀法

（1）砍劈。主要用于砍劈体积较大的带骨原料。一般用砍刀操作，运刀要准确有力，尽量不反复；如需反复，也要在原刀口处落刀，以防把原料砍碎。

（2）削旋。主要用于蔬菜、水果等原料的去皮和旋形，如将土豆、胡萝卜削成各种橄榄形和球形等。一般用小刀操作，要求运刀流畅、准确，用最少的刀数把原料削旋成型。

三、加工工具的使用与保养

1. 刀具的保养

刀具的保养应注意以下几方面：

（1）刀具用过后应用清水洗净，再用布擦干，以防氧化而出现锈斑。

（2）将刀具固定放在刀架或刀箱内，以防止刀具碰损。

（3）刀具不锋利时，可用磨刀棒轻轻磨；如较钝时，就应用磨石。磨刀时要注意把刀刃的两面及前后部位都均匀磨到，以防止刀刃出现凹凸不平现象。

（4）长期不使用的刀具清洗干净后可涂上一层油脂或包上一层纸，置于干燥处保管。

2. 刀刃的鉴别

将刀刃朝上，如不能反射出光线，则表明刀刃锋利；或用手指在刀刃上横向轻拉，如有涩感，也表明刀刃很锋利。

3. 菜板的保养与使用

菜板有木质和树脂两种。树脂菜板干净、耐用，但韧性较差。木质菜板以榆木、银杏木、皂荚木等木质坚硬的木板为材料。其优点是木质紧密，不夹刀，不易沾带污物，易于冲洗，较卫生；缺点是易损刀刃，板面易损坏。菜板适宜切配冷菜、蔬菜等脆嫩性原料。菜板在使用后应刷洗干净，然后擦干。

4. 菜墩的使用与保养

菜墩有木质和树脂两种。树脂菜墩较耐用，也较卫生，易清洗，但韧性差，易损刀刃。木质菜墩以银杏木、皂荚木、榆木、柳木等为最佳。优质的木菜墩不空心，不结疤，树皮完整，墩面微青，木质紧实，纤维垂直，有韧性，不损刀刃。菜墩适宜加工动物性原料，尤其适宜用剁、砍、拍等加工方法。

新菜墩要放在盐水中浸泡后再使用，并要经常用盐和水涂在墩面上保养，以使纤维收缩，结实耐用。菜墩使用后要刮洗干净且不要在太阳下暴晒，以防干裂。

第二节　烹调操作基本技法

烹调操作是一种较繁重的体力劳动，同时又是一项复杂细致的技术工作。由于菜肴品种繁多，操作中要掌握火候和调味的多种变化，因此，这项工作很难用机械代替，包括一些较先进的国家，烹调操作也以手工操作为主，这就要求从事烹调的专业人员必须掌握扎实的基本功，以适应这项既繁重又复杂的工作。

一、临灶操作的姿势与要求

临灶操作时，一般是左手握煎盘把或锅柄，右手握铲或叉等。面向炉灶，身体立直，上身略前倾，但不要弯腰；两脚呈八字步站稳，全身肌肉放松，不要紧张、僵硬；

两眼目视煎盘中菜肴的变化；双手自然配合，动作敏捷、干净、利落。

操作时要求精神集中，衣帽整洁，穿戴整齐，并随时注意炉灶周围的卫生状况，随时清理干净。

二、煎盘的使用技能

煎盘是西餐烹调中的主要工具，熟练掌握煎盘的使用方法是西餐烹调的主要基本功之一。

1. 煎盘握法

一般左手握煎盘，掌心朝上，五指自然合拢，握住煎盘把的上部，要求握稳、握紧，但不能握死。

2. 小翻

动作要领：煎盘端平稳，先往前送出，使菜肴借助惯性滑到煎盘前端，然后将煎盘略微上扬，以不使菜肴滑出煎盘，与此同时，将煎盘向后一拉，使菜肴翻转过来。

小翻每次翻动原料的1/2左右，操作时一般连续翻动。

3. 大翻

动作要领：将煎盘端起，如盘中菜肴较多，可双手握煎盘，往上斜举45°~70°角，借助惯性将菜肴送起，使其整体翻转过来，然后将煎盘缓慢下落，使翻转的菜肴轻落于煎盘内。

大翻也是较常使用的操作方法，适宜翻动量大的菜肴。此操作方法一般不连续使用。

4. 拉翻

拉翻是一种较方便的操作方法，适宜翻动小量的菜肴。

动作要领：将煎盘放在炉灶上，抬起煎盘成斜45°角，先往前送出，再往后一拉，拉的同时将煎盘把稍往下压，使菜肴翻转过来。

拉翻一次可翻动菜肴的1/2左右，操作时要连续翻动。

5. 转动

煎盘的转动广泛用于各种煎制菜肴。

动作要领：用拇指与其余四指拢住煎盘把，但五指并不合拢，使煎盘有活动空间，然后快速将煎盘向左转动，再迅速拉回使菜肴借助惯性在煎盘内转动。

操作时应视火候的情况掌握转动次数。

6. 抖动

煎盘的抖动适用于炸或烩制带有液体的菜肴。

动作要领：用手腕将煎盘不断向左转动，使煎盘中带有液体的菜肴借助惯性随之转动。

操作中视火候的情况掌握抖动频率。

第五章

第一节　蔬菜类原料的初加工

一、蔬菜类原料初加工的一般原则

1. 去除不可食部位，如纤维粗硬的皮、叶及腐烂变质的部分等。
2. 清除污物，如泥土、虫卵等。
3. 保护可食部分不受损失。

二、蔬菜类原料初步加工方法

西餐中蔬菜类原料的品种很多，其初步加工的方法也不同。

1. 叶菜类蔬菜

叶菜类蔬菜是指以脆嫩的茎叶为可食部位的蔬菜。西餐中常用的叶菜类蔬菜主要有芹菜、生菜、菠菜、卷心菜、荷兰芹等。其初步加工方法如下。

（1）选择整理。主要是去除黄叶、老根、外帮、泥土及腐烂变质部分。

（2）洗涤。一般用冷水洗涤，以去除泥土。夏秋季节虫卵较多，可先用 2% 的盐水浸泡 5 min，使虫卵的吸盘收缩，浮于水面，便于洗净。

叶菜类蔬菜质地脆嫩，操作中应避免碰损蔬菜组织，防止水分及其他营养素损失，保证蔬菜的质量。

2. 根茎类蔬菜

根茎类蔬菜是指以脆嫩的变态根茎为可食部位的蔬菜。西餐中常用的根茎类蔬菜主要有土豆、胡萝卜、莴苣、洋葱、紫菜头、辣根等。其初步加工方法如下。

（1）除去外皮。根茎类蔬菜一般都有较厚的外皮，纤维粗硬，不宜食用，均须去除。

（2）洗涤。根茎类蔬菜一般用清水洗净即可。土豆中含鞣酸较多，去除外皮后易氧化发生褐变，故去皮后应及时洗涤，然后用冷水浸泡，以隔离空气，避免褐变。洋葱、冬葱因含有较多的挥发性葱素，对眼睛刺激较大，故也可用冷水浸泡，以减少加工中葱素的挥发，减缓刺激。

3. 瓜果类蔬菜

瓜果类蔬菜是指以果实为可食部位的蔬菜，常见的瓜果类蔬菜主要有黄瓜、番茄、茄子、青椒、甜椒等。其初步加工方法如下。

（1）去皮或去籽。黄瓜、茄子等可视其需要去皮，甜椒、青椒等去蒂去籽即可。

（2）洗涤。一般瓜果类蔬菜用清水洗净即可。

4. 花菜类蔬菜

花菜类蔬菜是以花为可食部位的蔬菜，西餐中常见的花菜类蔬菜主要有菜花、西蓝花等。其初步加工方法如下。

（1）除去茎叶。削去花蕾上的疵点，然后分成小朵。

（2）洗涤。菜花内部易留有虫卵，可用2%的盐水浸泡后，再用清水洗净。

5. 豆类蔬菜

豆类蔬菜是以豆和豆荚为可食部位的蔬菜，西餐中常见的豆类蔬菜主要有四季豆、荷兰豆、豌豆等。

四季豆、荷兰豆以豆及豆荚为可食部位，初步加工时一般掐去蒂与顶尖，撕去侧筋，然后用清水洗净即可。豌豆以豆为可食部位，初步加工时剥去豆荚，洗净即可。

三、蔬菜类原料的刀工成型

蔬菜类原料通过各种不同刀法加工后，其形状、规格多种多样，常见的形状有块、片、条、丁、丝、粒等。

1. 蔬菜丝的加工方法

（1）切顺丝。胡萝卜、芹菜、辣根、紫菜头、芜菁等蔬菜大都顺纤维方向切成顺丝。

1）将原料切成 3~5 cm 长短相同的段。

2）将段顺纤维方向切成 1~2 mm 厚的薄片。

3）再将片叠起，顺纤维方向切成细丝。

（2）切横丝。菠菜、生菜、卷心菜等叶菜类蔬菜，由于质地脆嫩，大都应逆着纤维横切成丝。

1）去除叶梗，并将叶片切成适当的片。

2）将菜叶叠放一起，逆着纤维方向切成所需宽度的丝。

（3）竹筛棍。这是一种较短的蔬菜丝，主要用于土豆、芹菜、胡萝卜、芜菁等蔬菜的加工。

1）将原料切成 1.5 cm 长短相同的段。

2）再顺长切成 3 mm 厚的片。

3）再将片切成 3 mm×3 mm×15 mm 的丝。

（4）洋葱丝

1）将洋葱剥去老皮，切除根、尖两端，纵切成两半。

2）顺纤维的弧线运刀，切成薄厚均匀的片。

3）抖散成丝即可。

（5）青椒丝

1）青椒去蒂，去籽，纵切成两半。

2）再切去尖、根部，用刀片去内筋。

3）顺纤维方向切成均匀的丝。

2. 蔬菜丁的加工方法

（1）小方粒。主要用于洋葱、胡萝卜、蒜、芹菜等蔬菜的加工。

1）将蔬菜切成 2 mm 厚的片。

2）再将片切成 2 mm 宽的丝。

3）再将丝切成 2 mm×2 mm×2 mm 的小方粒。

（2）方丁。主要用于胡萝卜、芹菜、土豆、紫菜头等蔬菜的加工。

1）将蔬菜切成 0.5 cm 厚的片。

2）再将片切成 0.5 cm 宽的丝。

3）再将丝切成 0.5 cm×0.5 cm×0.5 cm 的方丁。

（3）大方丁。主要用于胡萝卜、土豆、芜菁、紫菜头等蔬菜的加工。

1）将蔬菜切成 1 cm 厚的片。

2）再将片切成 1 cm 宽的条。

3）再将条切成 1 cm×1 cm×1 cm 的大方丁。

（4）番茄粒

1）番茄洗净，顶部打十字刀。

2）用沸水烫后，入冰水浸泡，然后剥去外皮。

3）横向切成两半，挤出籽。

4）将切口朝下，用刀片成厚片，再直切成条。

5）再将条切成大小均匀的粒。

3. 蔬菜片的加工方法

（1）切圆片。主要用于胡萝卜、黄瓜、土豆、芜菁等蔬菜的加工。

1）将原料去皮，加工成圆柱状。

2）从一端切薄片。

（2）切方片。主要用于胡萝卜、芜菁、紫菜头等蔬菜的加工。

1）将蔬菜去皮，切掉四边成长方形。

2）再将长方形改刀切成 1 cm×1 cm 左右的长方条。

3）从一端将长方条切成 1~2 mm 厚的方片。

（3）土豆片

1）将土豆去皮，切成长方体。

2）从一端切成适当厚度的片，放入冷水中浸泡。

3）1 mm 厚的片用于炸土豆片，2 mm 厚的片用于烤或焗，3 mm 厚的片用于炸气鼓土豆，4~10 mm 厚的片用于炒、煎。

（4）沃夫片。主要用于土豆、胡萝卜、芜菁等蔬菜的加工。

1）将原料去皮，削成直径为 2~3 cm 的圆柱。

2）用波纹刀或沃夫刀片，先从一端切下一片，然后再将原料转动 45°~90° 角切第二刀，以此类推，将原料切成蜂窝状的片，如图 5-1 所示。

（5）番茄片

1）番茄洗净，果蒂横向放置。

2）用刀拉切成 3~5 mm 厚的片，如图 5-2 所示。

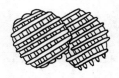

图 5-1　沃夫片

图 5-2　番茄片

4. 蔬菜末的加工方法

（1）洋葱末

1）洋葱剥去老皮，去除头部，保留部分根部，纵切成两半。

2）用刀直切成丝，但勿切断根部。

3）将洋葱逆转90°，左手按住根部，右手持刀，平刀片2~3刀，勿片断根部。

4）按住根部，用刀从头部将洋葱切成粒，如图5-3所示。

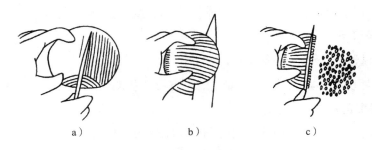

图 5-3　洋葱末的加工方法

5）再将洋葱粒进一步切碎即可。

（2）蒜末

1）蒜剥去外皮，纵切成两半，摘除蒜芽。

2）用刀侧面压住蒜瓣，用手拍压刀面，将蒜拍成碎块。

3）再将碎块切碎即可。

（3）番芫荽末

1）将番芫荽叶摘下，洗净。

2）用刀切碎成末。

3）用干净纱布包好，清水洗出浆汁，并挤出水分，抖散即可。

5. 油炸土豆条的加工方法

（1）细薯丝

1）将土豆洗净，去皮。

2）切成1~2 mm厚的片。

3）再将片切成1~2 mm宽的细长丝。

（2）薯棍

1）土豆洗净，去皮，切成5~6 cm的长段。

2）将段切成厚3 mm左右的片。

3）再将片顺长切成3 mm宽的丝。

（3）直身薯条

1）选大个土豆，洗净，去皮，顺长切成 1 cm 厚的片。

2）再将片顺长切成 1 cm 宽的条。

（4）波浪薯条

1）土豆洗净，去皮。

2）用波纹刀或沃夫刀片切成 1 cm 厚的片。

3）再将片用波纹刀或沃夫刀片切成长 5 cm、宽 1 cm 左右的条。

（5）扒房薯条

1）土豆洗净，去皮，切成 5 mm 厚的片。

2）再将片切成 3~4 cm 长、2 cm 宽的长方形片状的条。

6. 蔬菜橄榄球的加工方法

（1）小橄榄球。主要用于胡萝卜、土豆等蔬菜的加工。

1）将原料切成长 3~4 cm、宽 2 cm、高 2 cm 左右的长方体。

2）用小刀削成长 3~4 cm、中间高 1~1.5 cm 的形似多半个橄榄的小橄榄球即可，如图 5-4 所示。

（2）英式橄榄球。主要用于胡萝卜、土豆等蔬菜的加工。

1）将原料切成长 5~6 cm、宽 3 cm、高 3 cm 左右的长方体。

2）再用小刀削成长 4~5 cm、中间高度 2 cm 左右、由 6~7 个面构成的形似橄榄的细长形橄榄球，如图 5-5 所示。

图 5-4　小橄榄球

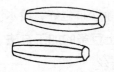

图 5-5　英式橄榄球

（3）波都古堡式橄榄球。主要用于土豆的加工。

1）将土豆洗净，去皮，削成长 5~6 cm、直径 3~4 cm 的圆柱体。

2）再将圆柱体用小刀削成长 5~6 cm、中间直径 2.5~3 cm、两端直径 1.5~2 cm、由 6~7 个面构成的形似腰鼓的橄榄球，如图 5-6 所示。

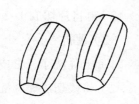

图 5-6　波都古堡式橄榄球

第二节　畜肉类、禽类原料的初加工

一、畜肉类原料的初加工

1. 畜肉类原料的初步处理

西餐中常用的畜肉类原料主要有牛肉、羊肉和猪肉等，在形式上又有鲜肉和冻肉两类，故初步处理的方法也不尽相同。

（1）鲜肉。鲜肉是指屠宰后尚未经过任何处理的肉类。鲜肉最好及时使用，以避免因储存时间过长而造成营养素及肉汁的损失。如暂不使用，应先按其要求分档，然后再储存于冷库。

（2）冻肉。冻肉若暂不使用，应及时存入冷库，使用时再进行解冻，以避免因频繁解冻而造成肉中营养成分及肉汁的损失。

冻肉解冻应遵循缓慢解冻的原则，以使肉中冻结的汁液恢复到肉组织中，减少营养成分的流失，同时也能尽量保持肉的鲜嫩。冻肉解冻的方法有以下几种：

1）空气解冻法。将冻肉放置在 12~20 ℃的室温下解冻，这种方法时间较长，但肉中的营养成分及水分损失较少。

2）水泡解冻法。即将冻肉放入冷水中解冻，这种方法传热快，解冻时间短，但肉中的营养成分及水分损失较多，使肉的鲜嫩程度降低。此法虽简单易行，但不宜采用。

3）微波解冻法。利用微波炉解冻，这种方法解冻时间短，肉的营养成分及水分损失也较少。但解冻时一定要将肉类原料密封后，再放入微波炉中解冻。

2. 畜肉类原料的分档取料

（1）牛的分档取料。牛的分档示意图如图 5-7 所示。

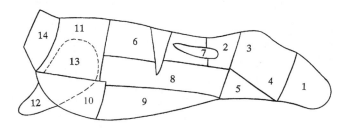

图 5-7　牛的分档示意图

1—后腱子　2—米龙　3—和尚头　4—仔盖　5—腰窝　6—外脊　7—里脊　8—硬肋
9—牛腩　10—胸口　11—上脑　12—前腱子　13—前腿　14—颈肉

1）后腱子。肉质较老，适宜烩、焖及制汤。

2）米龙。肉质较嫩，一流的肉质适宜铁扒、煎，较次的肉质则适宜烩、焖等。

3）和尚头。又称里仔盖，肉质较嫩，适宜烩、焖等。一流的肉质适宜烤等。

4）仔盖。又称银边，肉质较嫩，适宜煮、焖。

5）腰窝。又称厚腹，肉质较嫩，适宜烩、焖等。

6）外脊。肉质鲜嫩，仅次于里脊肉。适宜烤、铁扒、煎等。

7）里脊。又称柳肉，肉质鲜嫩，纤维细软，含水分多，是牛肉中最鲜嫩的部位，适宜烤、铁扒、煎等。

8）硬肋。又称短肋，肉质肥瘦相间，适宜制香肠、培根等。

9）牛腩。又称薄腹，肉层较薄，有白筋，适宜烩、煮及制香肠等。

10）胸口。肉质肥瘦相间，筋也较少，适宜煮、炸等。

11）上脑。肉质较鲜嫩，次于外脊肉。一流的肉质适宜煎、铁扒，较次的肉质适宜烩、焖等。

12）前腱子。肉质较老，适宜焖及制汤。

13）前腿。肉质较老，适宜烩、焖等。

14）颈肉。肉质较差，适宜烩及制香肠。

（2）羊的分档取料。羊的分档示意图如图5-8所示。

1）前肩。脂肪少，但筋质较多，适宜烤、煮、烩等。

2）后腿。脂肪少，肉质较嫩，适宜烤或煮等。

3）胸口。脂肪较多，肥瘦相间，适宜烩、煮等。

4）肋眼。又称中颈，肉质较嫩，脂肪较多，适宜烩等。

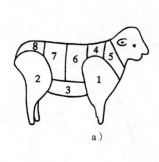

a）

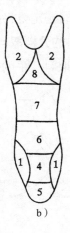

b）

图5-8　羊的分档示意图

1—前肩　2—后腿　3—胸口　4—肋眼　5—颈部　6—肋背部　7—羊马鞍　8—巧脯

5）颈部。肉质较老，筋也较多，适宜烩或煮汤等。

6）肋背部。肉质鲜嫩，适宜烤、铁扒、煎等。

7）羊马鞍。肉质鲜嫩，适宜铁扒、烤、煎等。

8）巧脯。肉质鲜嫩，适宜铁扒、煎、烤等。

（3）猪的分档取料。猪的分档示意图如图 5-9 所示。

1）猪蹄。又称猪脚，肉少筋多，适宜煮或腌渍等。

2）前肩肉。肉质较老，筋质较多，适宜煮、烩或制香肠。

3）上脑。肉质较嫩，脂肪较多，适宜煮、烩或烤等。

4）外脊。肉色略浅，肉质鲜嫩，适宜煎、烤、铁扒等。

5）里脊。肉质细嫩，无脂肪，是最鲜嫩的部位，适宜烤或煎等。

6）短肋。又称五花肋条，有肋骨的部位称为硬肋，无肋骨的部位称为软肋，适宜烩及制培根等。

7）腹部。又称腩肉、五花肉，肉质较差，适宜煮、烩、制馅或烟熏。

8）后臀部。由臀尖、坐臀和后腿三个部位构成，肉质较嫩，肥肉较少，适宜制火腿等。

9）前腿。肉质较老，筋质较多，适宜煮及制火腿。

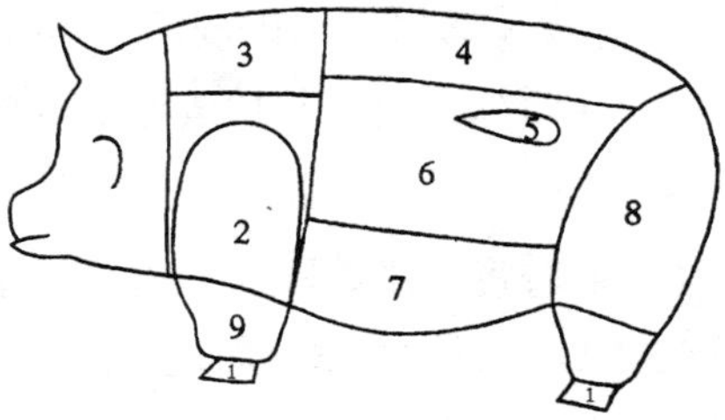

图 5-9　猪的分档示意图

1—猪蹄　2—前肩肉　3—上脑　4—外脊　5—里脊
6—短肋　7—腹部　8—后臀部　9—前腿

3. 畜肉类原料的刀工成型

（1）肉片的加工方法。主要用于里脊、外脊、米龙等肉质较鲜嫩原料的加工。其加工方法是：

1）将原料去骨、去筋及多余的脂肪。

2）沿横断面切成所需规格的片。

3）如肉质较老，可用拍刀等轻拍，使其肉质松散。

（2）肉丝的加工方法。主要用于里脊、外脊、里仔盖等肉质较瘦嫩、纤维较细长原料的加工。其加工方法是：

1）将原料去骨、去筋及多余的脂肪。

2）逆纤维方向切成 0.5~1 cm 厚的片。

3）再将片切成 5~7 cm 长的丝即可。

（3）肉块的加工方法。肉块的种类很多，常用的种类主要有大块、四方块和小块等。

1）大块。主要用于焖、烤菜肴原料的加工。一般每块重量 750~1 000 g。块的形状因各种原料种类的不同、部位的差异也不尽相同，一般是顺其自然形状而进行刀工处理。

2）四方块。主要用于烩制菜肴原料的加工。将原料去骨、去筋及多余的脂肪，切成 3~5 cm 见方的块即可。

3）小块（肉丁）。主要用于串烧菜肴原料的加工。原料一般多选用肉质鲜嫩的里脊肉、外脊肉等。将原料去骨、去筋及多余的脂肪，改刀切成 1.5~2 cm 见方的肉块即可。

（4）常见里脊肉排的加工方法。里脊肉肉质鲜嫩，质地柔软，常被加工成各种规格的里脊肉排。其加工方法是：

1）将里脊肉去骨、去筋及多余的脂肪。

2）切去粗细不均匀的头尾两端。

3）逆纤维方向将其切成厚 2~3.5 cm 的片。

4）将肉的横断面朝上，用手按平，再用拍刀拍成厚 1.5 cm 左右的圆饼形。

5）最后将肉排的四周用刀收拢整齐即可。

（5）常见外脊肉排的加工方法。外脊肉是指畜肉脊背部两侧的、一条较为整齐的肌肉组织。外脊肉排可加工成多种类型的肉排，又有带骨肉排和无骨肉排之分。常见的无骨外脊肉排的加工方法是：

1）将原料去骨，并根据需要去筋及脂肪。一般牛排需保留筋膜及部分肥膘，羊排、猪排则要去掉筋及脂肪。

2）逆纤维方向切成所需重量及厚度的片。

3）如肉质较老，则可用拍刀拍松。如肉排带有肥膘，还应用刀将肥膘与肌肉间的筋膜点剁断，以防止其受热后变形。

二、禽类原料的初加工

1. 禽类原料的初步处理

禽类原料在形式上有活禽、未开膛死禽和净膛禽，不同的原料应分别进行处理。

（1）活禽。使用较少，一般这种原料在使用前进行宰杀处理。

（2）未开膛死禽。这种原料一定要及时开膛、洗涤，然后再储存。禽类的内脏含有大量细菌，如不及时清除，禽肉易腐败变质。

（3）净膛禽。这种原料使用较普遍。冷冻的净膛禽如不使用则不要解冻，及时入冷库储存，使用时再进行解冻。

冷冻禽类的解冻同样要遵循缓慢解冻的原则，其方法与冻肉的解冻方法相同。

2. 禽类原料的初步加工方法

禽类原料的初步加工大致可分为开膛、洗涤整理和分档取料等步骤。

（1）开膛。禽类开膛的方法主要有腹开、背开、肋开三种。

1）腹开。这种方法最为普遍，其操作方法是先在颈部与脊椎骨之间开一小口，取出食嗉，然后剁去爪子、头部，割去肛门。再于腹部横切 5~6 cm 长的口，这种方法叫"大开"。若是在腹部竖切 4~5 cm 长的口，这种方法叫"小开"。一般大型禽类宜用"大开"的方法，小型禽类用"小开"的方法。开口后，伸进手指，轻轻拉出内脏，再抠去两肺叶。操作时应注意不要将肝脏及苦胆弄破。最后用刀剔除颈部的 V 形锁骨。

2）背开。从颈根部至肛门处，用大刀将脊背骨切开，然后取出内脏。这种方法一般多用于铁扒、瓤馅菜肴的制作。

3）肋开。在禽类的右翼下开口，然后将内脏、食嗉取出即可。

（2）洗涤整理。净膛后的禽类要及时清洗干净，清洗时要检查内脏是否掏净，然后将翅膀别在背后，把双腿插入肛门切口内即可。

内脏的整理方法：胗子，将所连带的食管割去，用刀剖开，剥去黄色内壁膜，洗涤干净即可；肝脏，首先摘去附着的苦胆，注意不要将苦胆弄破，然后将肝脏洗涤干净；心脏较容易整理，洗涤干净即可。

（3）分档取料。西餐中常用的禽类原料主要有鸡、鸭、鹅、火鸡、鸽子等，其肌体结构和肌肉构造大致相同，现以鸡为例加以说明。其加工方法是：

1）用刀将鸡腿内侧与胸部相连接的鸡皮切开。

2）握住鸡腿，用力外翻，使大腿部关节与腹部分离并露出大腿关节处。

3）用刀沿着鸡腿的关节入刀，将鸡腿卸下。

4）用手指扣住脊骨，将脊骨用力外拉，使鸡骨架与鸡胸部分离。

5）将鸡分割成鸡腿、鸡脯、骨架三大类四大块，整理干净即可。

第六章

菜肴制作准备

第一节　初步热加工

初步热加工，即对原料过水或过油进行初步处理。这种加工过程不能算是一种烹调方法，而只是制作菜肴的初步加工过程。

由于加工方法的不同，初步热加工又分为冷水加工法、沸水加工法、热油加工法三种形式。

一、冷水加工法

1. 加工过程

将被加工原料直接放入冷水中加热至沸腾，再捞出原料，晾凉备用。

2. 适用范围

该方法适宜加工动物性原料，如牛骨等。

3. 加工目的

（1）除去原料中的不良气味。

（2）除去原料中残留的血污、油脂及杂质等。

4. 实例：冷水加工牛骨及肉头

（1）将牛骨及肉头洗净。

（2）放入汤锅，注入凉水，并充分浸没牛骨及肉头。

52

（3）加热至沸腾，然后将沸水倒掉，用冷水冲净备用。

二、沸水加工法

1. 加工过程
把被加工原料放入沸水中，加热至所需火候，再用凉水或冰水过凉。

2. 适用范围
该方法适用范围较广泛，如蔬菜类原料番茄、芹菜、豌豆、菜花、西蓝花等，动物性原料牛肉块、鸡肉块等。

3. 加工目的
（1）使原料吸收部分水分，体积膨胀，如加工豌豆。

（2）使原料表层紧缩，关闭毛细孔以避免其水分及营养成分流失，如加工鸡肉块、牛肉块等。

（3）使原料中的酶失去活性，防止其变色，如加工菜花、西蓝花等。

（4）便于剥去水果或蔬菜的表皮，如加工番茄等。

（5）使蔬菜中的果胶物质软化，易于烹调，如加工芹菜、扁豆等。

4. 实例：沸水加工番茄
（1）番茄洗净，可轻轻将表皮划一小口，放入沸水中。

（2）待番茄表皮软化后，立即取出放入冰水中。

（3）将番茄从冰水中取出，剥去表皮，并使其表面保持光滑。

三、热油加工法

1. 加工过程
将被加工原料放入热油中，加热至所需的火候取出备用。

2. 适用范围
该方法适宜加工土豆及大块的牛肉、鸡肉等。

3. 加工目的
（1）使原料初步成熟，为进一步加热上色做准备，如加工土豆条。

（2）使原料表层失去部分水分，形成硬壳，以减少原料内部水分流失，如加工牛肉块等。

4. 实例：加工土豆条

（1）将土豆去皮，切成长条，洗净后用干布擦去水分。

（2）放入 130 ℃左右的热油中。

（3）当土豆条变软并轻微上色时捞出，备用。

第二节　制作基础汤

基础汤是用微火，通过长时间制作提取的一种或多种原料的原汁，含有丰富的营养成分和香味物质。它是制作汤菜、少司的基础，因此是西餐厨房必备的半成品。

一、基础汤的分类

基础汤按其制法的不同可分为白色基础汤、布朗基础汤和鱼基础汤三类。

1. 白色基础汤

白色基础汤包括牛基础汤、小牛基础汤和鸡基础汤等，用于白少司、白烩等菜肴制作。

2. 布朗基础汤

布朗基础汤包括牛基础汤、羊基础汤、鸡基础汤、小牛基础汤及野味基础汤等，主要用于布朗少司及红烩等菜肴的制作。

3. 鱼基础汤

鱼基础汤从色泽上看属白色基础汤，但鱼基础汤的制法与其他白色基础汤不同，所以单分为一类，主要用于鱼类菜肴的制作。

二、基础汤的制法

1. 白色基础汤的制法

原料：清水 4 L，生骨头 2 kg，蔬菜（胡萝卜、芹菜、洋葱）0.5 kg，香料包（百里香、香叶、番芫荽）1 个，黑胡椒 12 粒。

制作方法：

（1）将生骨头锯开，取出油和骨髓。

（2）放入汤锅内，加入冷水煮开。

（3）如果骨头较脏，应沸水烫后再用冷水煮。

（4）及时撇去浮沫，将汤锅周围擦净，并改微火，使汤保持微沸。

（5）加入蔬菜、香料包及黑胡椒粒。

（6）小火煮 4~5 h，并不断地撇去浮沫和油脂。

（7）用纱布过滤。

在烹调中，会有一定量的水分蒸发，因此，在汤液快要达到沸点之前，可以加入少量冷水，这样既可补充一定水分，又有利于撇除汤中的浮沫及油脂。

2. 布朗基础汤的制法

原料：同白色基础汤。

制作方法：

（1）将骨头锯开，放入烤箱中烤成棕红色。

（2）滤出油脂，将骨头放入汤锅内，加入冷水，煮开，撇去浮沫。

（3）将蔬菜切片，用少量油将其煎至表面棕红，滤出油脂，倒入汤锅中。

（4）加入香料包、黑胡椒粒。

（5）用小火煮 6~8 h，并不断撇去浮沫及油脂。

（6）用纱布过滤。

在制作布朗基础汤时，可加入剁碎的番茄或番茄酱，及一些蘑菇丁等，可以增加汤的色泽及香味。

3. 鱼基础汤的制法

原料：水 4 L，比目鱼骨或其他白色鱼骨 2 kg，洋葱 200 g，黄油 50 g，黑胡椒 6 粒、香叶、番芫荽梗、柠檬汁适量。

制作方法：

（1）将黄油放入厚底锅中，烧热。

（2）放入洋葱片、鱼骨及其他原料，加盖，用小火煎 5 min。

（3）加入冷水煮开，撇去浮沫及油脂。

（4）用小火煮 20 min 左右，并不断撇去浮沫及油脂。

（5）用纱布过滤。

鱼基础汤煮开后，一般再用微火煮 20 min 左右，最长不超过 30 min，若时间过长，反而影响汤的香味。

三、制作基础汤的注意要点

1. 应选用鲜味充足又无异味的汤料，不新鲜的骨头、肉或蔬菜都会给基础汤带来不良气味，而且基础汤也易变质。

2. 制作基础汤时，汤中的浮沫应及时取出，否则浮沫会在煮制时融入汤中，破坏基础汤的色泽及香味。

3. 基础汤中的油脂也应及时撇出，否则会影响基础汤的清澈，同时也使人感觉油腻。

4. 基础汤在煮制过程中应使用微火，使汤保持在微沸状态。如用大火煮，汤液不但蒸发过快而且混浊。

5. 煮汤过程中不应加盐，因为盐是一种强电解质，会使汤料中的鲜味成分不易溶出。

6. 如果基础汤要保留，应重新过滤、煮开，放凉后入冰箱保存。

第三节　制作基础少司

一、少司的概念与作用

1. 少司的概念

少司是英文 sauce 的译音，我国南方习惯译成沙司，是指经厨师专门制作的菜点调味汁。在西餐厨房中，制作少司是一项非常重要的独立工作，一般由受过训练、有经验的厨师专门完成。这种少司与菜肴主料分开烹调的方法是西餐烹调的一大特点。

2. 少司的作用

少司是西餐菜点的重要组成部分，在整道菜肴中具有举足轻重的作用，归纳起来主要有以下几方面：

（1）确定和增加菜肴的口味。各种不同的少司是由不同的基础汤汁制作的，这些汤汁都含有丰富的鲜味成分，同时还能把各种调味品溶入少司中，使菜肴富于口味，而且大部分少司都有一定的浓度，能均匀地裹在菜肴的表面，这样就能使一些加热时间短、未能充分入味的菜肴同样富于滋味。一些用少司直接调制的菜肴，其口味就主要由少司来确定。

（2）增加菜肴的美观。各种各样的少司由于制作时使用的原料不同，而具有不同的颜色，如棕色、红色、白色、黄色等。另外在制作少司时还使用了油脂，使少司色泽鲜艳光亮。因此少司能使菜肴更加美观。

（3）改善菜肴的口感。在西餐菜肴中，尤其是烧烤类菜肴，由于原料较大，水分损失较多，口感不是很滋润，将少司淋在原料上，可以改善菜肴的口感。

（4）保持菜肴的温度。由于多数少司都有一定浓度，可以裹在菜肴的表层，这样就可以使菜肴内部的热量不易散失，同时还可以防止菜肴风干。

二、少司的分类

少司的种类很多，分类方法也不尽相同，按其性质和用途可分为热少司、冷少司、甜食少司三大类。热少司又可分为布朗少司、奶油少司、荷兰少司、番茄少司、咖喱少司、特别少司等。少司按其浓度的不同又可分为固体少司、稠少司、浓少司、稀少司、清少司等。

三、少司的制作

1. 布朗少司（brown sauce）

（1）原料

主料：布朗基础汤 10 kg，杂蔬菜（洋葱、胡萝卜、芹菜）1 kg，牛骨、小牛骨及碎牛肉 2 kg。

辅料：番茄酱 500 g，红酒 100 mL，雪利酒 10 mL，黄油炒面 50 g，盐 15 g，香叶 2 片，百里香 3 g，辣酱油适量。

（2）制作过程

1）把蔬菜洗净，切碎，炒香，加入番茄酱炒至暗红色，牛骨、小牛骨及碎牛肉炒至棕色。

2）把蔬菜番茄酱、牛骨、小牛骨、碎牛肉放入布朗基础汤中，用微火煮 3 h，调入红酒、雪利酒，并用黄油炒面调浓度，最后过滤即可。

（3）质量标准

色泽：棕红色。

形态：近似流体，微稠。

口味：浓香。

2. 奶油少司（cream sauce）

（1）原料

主料：黄油 100 g，牛奶 200 mL，白色基础汤 300 mL，面粉 100 g。

调料：奶油 100 mL，盐、胡椒粉少许。

（2）制作过程

1）用黄油把面粉炒香，逐渐加入牛奶和白色基础汤，并用力搅拌均匀。

2）在微火上煮制 20 min，并不断搅动，然后放入奶油、盐、胡椒粉调味即可。

（3）质量标准

色泽：洁白，光亮。

形态：60℃以上为半流体。

口味：浓香，微咸。

口感：滑爽细腻。

第四节　制作配菜

一、配菜的概念

配菜是西餐菜肴烹调中不可缺少的组成部分。西餐菜肴一般是在主要部分烹制完成后，还要在盘子的边上或在另一个盘子内配上一定比例加工成熟的蔬菜或米饭、面食等，从而构成一道完整的菜肴，这种与主料相搭配的菜品就叫配菜。

二、配菜的作用

1. 使菜肴美观

配菜多数是用不同颜色的蔬菜制作的，而且要求加工精细，一般要加工成一定的形状，如条状、块状、球状、橄榄状等，从而增加菜肴的色彩，使菜肴更加美观。

2. 使菜肴营养搭配合理

西餐热菜大多数是用动物性原料制作的，而配菜一般由植物性原料加工制成，这样就使菜肴既有丰富的蛋白质、脂肪，又含有丰富的维生素、无机盐等，从而使营养搭配更为合理，以达到营养全面的目的。

3. 使菜肴富有风味特点

配菜的品种很多，使用时虽有较大的随意性，但也有一定规律可循，如一般水产类菜肴配煮土豆或土豆泥，烤、铁扒类菜肴多配炸土豆条、烤土豆等，煎、炸类菜肴多配应时蔬菜，汤汁较多的菜肴多配米饭，意式菜多配面食，德式菜则多配酸菜等，这样使菜肴既能在风格上统一，又富于风味特点。

三、配菜的分类

1. 土豆类

土豆类配菜主要是以土豆为原料的土豆制品。

2. 谷物类

谷物类配菜主要有各种米饭、玉米、通心粉、实心粉、蛋黄面及其他面食制品等。

3. 其他蔬菜类

其他蔬菜类配菜主要有胡萝卜、菜花、西蓝花、芦笋、菠菜、番茄、青椒、茄子、蘑菇、洋百合等蔬菜制品。

四、配菜制作实例

1. 土豆类配菜

例1　煮番芫荽土豆

原料：净土豆 500 g，黄油 5 g，番芫荽末少许，盐。

制作过程：

（1）将净土豆削成小橄榄状或腰鼓状，洗净。

（2）放入盐水中煮 20 min 左右至熟，捞出控干水分。

（3）浇上熔化的黄油，撒上番芫荽末即可。

例2　法式炸土豆条

原料：净土豆 500 g，植物油，盐。

制作过程：

（1）将净土豆去皮，切成 1 cm 见方、5~6 cm 长的条。

（2）用清水洗净后，用布擦干表面水分。

（3）将土豆条放入 130~140 ℃的油锅中，炸至变软并轻微上色后捞出，晾凉。

（4）再将土豆条放入 150~160 ℃的油锅中，将其炸脆、炸黄，捞出控油，撒上盐调味。

例 3　土豆泥

原料：净土豆 500 g，黄油 25 g，牛奶 50 mL，盐，胡椒粉。

制作过程：

（1）将土豆去皮，切成大块。

（2）放入盐水中煮 20 min 左右至成熟。

（3）控干水分，将锅加盖，放入低温烤箱或灶上，以使土豆干燥。

（4）趁热将土豆捣碎或过筛罗成泥。

（5）调入熔化的黄油、盐、胡椒粉。

（6）逐渐加入热牛奶，并不断搅动，直至成软糊状。

例 4　里昂式炒土豆

原料：净土豆 500 g，洋葱 100 g，植物油或黄油 50 g，盐，胡椒粉。

制作过程：

（1）将土豆蒸或煮熟，去皮，切成 3 mm 厚的片。洋葱切成细丝。

（2）煎盘中放入黄油，将洋葱丝炒香备用。

（3）用黄油将土豆片炒至金黄色，再加入炒好的洋葱丝、盐、胡椒粉，炒透即可。

例 5　炸土豆卷

原料：土豆泥 500 g，蛋黄 2 个，面粉 30 g，面包粉 50 g，蛋液，盐，胡椒粉，植物油。

制作过程：

（1）土豆泥内调入蛋黄、面粉、盐、胡椒粉，搅拌均匀。

（2）制成直径为 1~2 cm、长 5~7 cm 的圆棍。

（3）蘸上面粉，刷上蛋液，挂上面包粉。

（4）放入 185 ℃的热油中，炸至表面金黄取出，控干油。

例 6　瑞士土豆饼

原料：净土豆 500 g，洋葱 80 g，咸肉 50 g，盐，胡椒粉，黄油。

制作过程：

（1）将土豆煮熟，去皮，擦成丝。

（2）将洋葱、咸肉切成末。

（3）用黄油将洋葱、咸肉炒香，再加入土豆丝稍炒后，用盐、胡椒粉调味。

（4）用铲子压平，摊成饼状，小火煎至两面金黄即可。

2. 其他蔬菜类配菜

例 1　黄油菜花

原料：菜花 200 g，清黄油 10 g，盐。

制作过程：

（1）将菜花洗净，用小刀分成小朵。

（2）放入盐水中煮，但不要过熟。

（3）控干水分，放入盘中，刷上清黄油。

例 2　奶油煮胡萝卜

原料：胡萝卜 200 g，黄油 30 g，鲜奶油 100 mL，盐，胡椒粉。

制作过程：

（1）将胡萝卜去皮，切成 1 cm 厚的圆片。

（2）在锅中放入胡萝卜片、黄油、盐、胡椒粉，然后加水浸没。

（3）煮沸后，改小火，至水煮干、胡萝卜变软。

（4）加入鲜奶油，小火将奶油煮至黏稠。

例 3　法式煮豌豆

原料：鲜豌豆 500 g，黄油 20 g，冬葱 25 g，砂糖 5 g，面粉 4 g，盐。

制作过程：

（1）将豌豆洗净，放入锅中，再加入砂糖、盐、冬葱及 10 g 黄油。

（2）锅中加水，以浸没豌豆为宜。

（3）锅加盖，入 200 ℃烤箱，直至豌豆成熟。

（4）将锅取出，再加入 10 g 黄油及面粉，上火煮至黏稠即可。

例 4　菠菜泥

原料：净菠菜叶 500 g，奶油 100 mL，黄油 20 g，盐，胡椒粉。

制作过程：

（1）将菠菜叶放入沸水中烫软，捞出，控干水分。

（2）用绞碎机将菠菜绞碎，放入少司锅内。

（3）在少司锅内加入奶油、黄油、盐、胡椒粉，烧沸，搅拌均匀即可。

例 5　黄油扁豆

原料：嫩扁豆 500 g，黄油 50 g，咸肉 50 g，洋葱 50 g，蒜，盐，胡椒粉。

制作过程：

（1）将扁豆洗净，去筋，切成长段；将咸肉切丁；将洋葱、蒜切末。

（2）扁豆用沸水煮熟，控干水分。

（3）用黄油将咸肉、洋葱、蒜炒香，再加入扁豆、盐、胡椒粉，炒透即可。

例 6　炸茄子

原料：长茄子 100 g，面包粉 50 g，面粉 10 g，鸡蛋 1 个，盐，胡椒粉。

制作过程：

（1）将茄子去皮，切成 1.5 cm 厚的圆片。

（2）用盐、胡椒粉调味，蘸面粉。

（3）抖下多余的面粉后，拖蛋液，蘸上面包粉。

（4）入 160 ℃油锅，炸至金黄色即可。

3. 谷物类配菜

例 1　焖米饭

原料：长粒大米 100 g，白色基础汤 200 mL，黄油 25 g，洋葱末 10 g，盐，胡椒粉。

制作过程：

（1）将黄油放入少司锅内，加入洋葱末，中火炒 2~3 min，不要上色。

（2）再加入大米，炒 2~3 min，也不要上色，然后加入白色基础汤、盐、胡椒粉。

（3）放入 230~250 ℃的烤箱内，加盖焖 15 min 左右，直至成熟。

例 2　瑞士面团

原料：面粉 100 g，牛奶 450 mL，黄油 100 g，鸡蛋 9 个，盐，胡椒粉，豆蔻粉。

制作过程：

（1）将面粉、牛奶、鸡蛋、盐、胡椒粉、豆蔻粉混合，调成面团。

（2）将面团用模具搓入沸水内，煮熟，用冷水冲凉，控干水分。

（3）用黄油将面团炒透即可。

例 3　黄油面条

原料：蛋黄面条 100 g，黄油 25 g，豆蔻粉，盐，胡椒粉。

制作过程：

（1）将蛋黄面条放入盐水中煮熟，取出，控干水分。

（2）将煮好的面条放入煎盘内。

（3）加入熔化的黄油、盐、胡椒粉、豆蔻粉，搅拌均匀即可。

例 4　炒意式实心面

原料：意式实心面 100 g，奶酪粉 25 g，黄油 25 g，盐，胡椒粉。

制作过程：

（1）将实心面放入烧开的盐水中。

（2）中火煮制，并不时用木勺搅拌。

（3）煮 10~15 min，八九成熟时捞出，控干水分。

（4）煎盘内放黄油，熔化后加入煮好的意式实心面，加入盐、胡椒粉、奶酪粉炒透即可。

例 5　炸面包丁

原料：咸面包片 500 g，植物油。

制作过程：

（1）将面包切去外皮后，切成 1 cm 左右的方丁。

（2）入 170 ℃的油锅中，炸至金黄色捞出，控净油脂，放在纸上即可。

第七章

汤菜在西餐中有重要的地位。西方人的饮食习惯是在上热菜之前先喝汤，故称作第一道菜。西餐汤类大都含有丰富的蛋白质、鲜香物质和有机酸等成分，且味道鲜醇，可刺激胃液的分泌，增加食欲。

汤类菜肴品种很多，大体可分为奶油汤类、菜蓉汤类、蔬菜汤类、清汤类、冷汤类。

第一节　制作奶油汤

一、奶油汤的概念

奶油汤起源于法国。它是用油炒面粉，加牛奶、清汤及一些调味品调制而成的汤类。广州、香港一带称之为"忌廉汤"。奶油汤是基础汤，在此基础上加上不同的香料，就可制成各种奶油汤。

二、奶油汤制作方法

制作奶油汤可分为制作油炒面粉和调制奶油汤两个步骤。

1．制作油炒面粉

（1）选料。选用精白面粉，过细罗，去除杂物。油脂应选用较纯的黄油。

（2）用料。面粉与油脂的比例为 1∶1~1∶0.6。

（3）制作过程。选用厚底的少司锅，放入黄油加热至完全熔化（50~60 ℃），倒入面粉搅拌均匀，以 120~130 ℃慢慢炒制，并定时搅拌，以免煳底，至面粉呈淡黄色并能闻到炒面粉的香味时即可。

2. 调制奶油汤

调制奶油汤现流行两种方法，一种是热打法，另一种是温打法。

（1）热打法。油炒面粉制作好后，趁热冲入部分滚热的牛奶，先慢慢搅打均匀，再用力搅打至牛奶与油炒面粉完全融为一体，表面洁白光亮、手感有劲时，再逐渐加入其余的牛奶和清汤，并用力搅打均匀，然后调上盐、鲜奶油，开透即可。

用这种方法制作的奶油汤色白，光亮，有劲，不容易澥，但搅打时比较费力。

制作中应注意的问题：

1）牛奶和油炒面粉一定要保持高温，以使面粉充分糊化。

2）搅打奶油汤时要快速、用力，使水和油充分分散，汤不易澥，并有光泽。

3）如汤中出现面粉颗粒或其他杂质，可用纱布或细罗过滤。

（2）温打法。在油中放入切碎的胡萝卜、洋葱及香叶、丁香和面粉一起炒香，然后逐渐加入 30~40 ℃牛奶和清汤，用蛋抽搅打均匀，沸后用微火煮至汤液黏稠，然后过滤。过滤后再放入鲜奶油、盐调味，开透即可。

制作中应注意的问题：

1）搅打时不必用力，只需搅打均匀即可。

2）熬煮时要用微火，不要煳底，一般要煮 30 min 以上。

制作原理：制作奶油汤主要利用了脂肪的乳化与淀粉的糊化现象。水与油是不相融的，可是奶油汤从外观上看，牛奶、清汤、油与面粉却完全融为一体，这是因为在制作奶油汤过程中，上述物质受到搅拌，使水与面粉及油脂均匀地分开，形成了水包油的乳化状态。与此同时，面粉中的淀粉受热发生糊化，形成黏稠状态，从而使油和水均匀分散的现象稳定下来，形成了较稳定的乳化状态。

三、奶油汤制作实例（用料以 10 份量计算）

例 1 奶油鲜蘑汤

（1）原料

主料：黄油 120 g，面粉 200 g，牛奶 1 000 mL，牛基础汤 500 mL。

汤料：多种鲜蘑 150 g，烤面包丁 50 g。

调料：奶油 200 mL，盐 20 g，香叶 2 片。

（2）制作过程

1）把多种鲜蘑切成小丁。

2）用黄油把蘑菇和香叶炒香，再放入面粉稍炒，然后逐渐加入牛奶和牛基础汤，搅打均匀，开透。

3）调入奶油、盐后开透，盛在汤盘内，撒上或单配烤面包丁即可。

（3）质量标准

色泽：乳白色，光亮。

形态：60 ℃以上时基本为流体。

口味：浓郁的蘑菇香味和奶香味。

口感：细腻滑爽。

例 2 奶油芦笋汤

（1）原料

主料：奶油汤 2 500 mL。

汤料：芦笋 200 g，烤面包丁 100 g。

（2）制作过程

1）把芦笋去掉老纤维，切成 1.5 cm 长的段，然后放在鸡清汤内，加微量盐煮熟。

2）把芦笋放在汤盘内，盛上奶油汤，撒上烤面包丁即可。

（3）质量标准

色泽：乳白色，光亮。

形态：60 ℃以上时基本为流体。

口味：芦笋的清香及奶香味。

口感：芦笋软嫩，奶油汤细腻。

例 3 奶油鸡丝鹅肝汤

（1）原料

主料：奶油汤 2 500 mL。

汤料：熟鸡丝 100 g，鹅肝 100 g，黑菌 50 g。

（2）制作过程

1）把鹅肝用沸水煮熟并切成片，黑菌也切成片，和鸡丝一起用清汤热透。

2）把汤料盛在汤盘内，冲入热奶油汤即成。

（3）质量标准

色泽：乳白色，光亮。

形态：60 ℃以上时基本为流体。

口味：浓郁的鹅肝香味及奶香味。

口感：滑软细腻。

例4　安妮梳利奶油汤

（1）原料

主料：奶油汤 2 500 mL。

汤料：白菌 100 g，煮牛舌 100 g，煮鸡肉 100 g。

调料：鲜奶油 50 mL，鸡蛋黄 4 个。

（2）制作过程

1）把白菌、牛舌、鸡肉切成丝，用清汤热透，备用。

2）把奶油汤热透，撤离火口，徐徐加入鲜奶油及打匀的鸡蛋黄搅匀，放于保温处。

3）把白菌丝、牛舌丝、鸡丝放在汤盘内，盛上奶油汤即成。

（3）质量标准

色泽：乳白色，光亮。

形态：60 ℃以上时基本为流体。

口味：浓郁的汤料香味及奶香味。

口感：滑软细腻。

例5　皇后奶油汤

（1）原料

主料：奶油汤 2 500 mL。

汤料：米饭 200 g，煮鸡肉 200 g。

调料：鲜奶油 50 mL。

（2）制作过程

1）把米饭用水洗净，用清汤热透，鸡肉切成小丁，用清汤热透，盛在汤盘内。

2）把奶油汤热透，盛在汤料上，再在汤面上浇上鲜奶油即成。

（3）质量标准

色泽：乳白色，光亮。

形态：60 ℃以上时基本为流体。

口味：浓郁的奶香味，微咸。

口感：滑软细腻。

第二节　制作菜蓉汤

一、菜蓉汤的概念

菜蓉汤大都是用各种蔬菜制成菜蓉，加上清汤或浓汤调制而成。菜蓉汤类是传统的汤类，西方各国几乎都有。由于菜蓉汤有丰富的营养和良好的风味，所以经久不衰，至今仍为人们所喜爱。

二、菜蓉汤类制作实例

例1　土豆青蒜蓉汤

（1）原料

主料：牛清汤 1 500 mL，牛奶 1 000 mL。

汤料：净土豆 1 500 g，青蒜 50 g，烤面包丁 100 g。

调料：黄油 50 g，盐 15 g，胡椒粉少量。

（2）制作过程

1）把青蒜切成段，土豆切成片。

2）用黄油把青蒜略炒一下，放入土豆及清汤，沸后用微火把土豆煮烂。

3）把土豆及青蒜用细罗过一遍，仍放入汤内。

4）把牛奶倒入汤内，上火煮沸，调入盐、胡椒粉，盛盘后撒上面包丁。

（3）质量标准

色泽：浅褐色。

形态：稀糊状，60 ℃以上时基本为流体。

口味：鲜香，土豆蓉香味，微咸。

口感：菜蓉软烂，汤滑爽细腻。

例2　胡萝卜蓉汤

（1）原料

主料：牛基础汤 1 500 mL，牛奶 1 000 mL。

汤料：胡萝卜 750 g，面包丁 100 g，番芫荽末 50 g，油炒面粉 50 g。

调料：盐 15 g，胡椒粉 2 g。

（2）制作过程

1）把胡萝卜洗净，用水煮烂，用细罗过成蓉。

2）把油炒面粉上火加热，逐渐冲入牛基础汤、牛奶及部分煮胡萝卜的汤，放入胡萝卜蓉，在火上开透。

3）把汤盛入盘内，撒上面包丁及番芫荽末即成。

（3）质量标准

色泽：橘红色间绿色。

形态：稀糊状，60 ℃以上时基本为流体。

口味：鲜香，菜香，微咸。

口感：菜蓉软烂细腻。

例 3　蘑菇蓉汤

（1）原料

主料：牛基础汤 1 500 mL，牛奶 1 000 mL。

汤料：白蘑菇 400 g，洋葱 100 g，黄油 50 g，面粉 50 g。

调料：奶油 100 mL，盐 20 g，胡椒粉 2 g。

（2）制作过程

1）把洋葱及 2/3 的白蘑菇切成丝，用黄油炒香，放入面粉稍炒，逐渐加入牛基础汤和牛奶，用小火煮 30 min。

2）把煮好的蘑菇打成蓉，加入奶油、盐、胡椒粉，开透，用罗过滤。

3）把余下的 1/3 白蘑菇切成片，用黄油炒香，放入汤内即成。

（3）质量标准

色泽：乳白色。

形态：60 ℃以上时基本为流体。

口味：浓郁的蘑菇香味和奶香味。

口感：细腻滑爽。

例 4　菠菜蓉汤

（1）原料

主料：牛基础汤 2 500 mL。

汤料：菠菜 1 000 g，洋葱末 50 g，煮鸡蛋 5 个，面粉 50 g。

调料：黄油 50 g，奶油 150 mL，盐 20 g，糖 25 g，柠檬汁 15 mL，胡椒粉 2 g。

（2）制作过程

1）把菠菜用沸水烫软，冲凉，打成泥。

2）用黄油把洋葱末炒香，放入面粉稍炒，逐渐放入牛基础汤，搅打均匀，调入盐、糖、柠檬汁、胡椒粉，开透。

3）把煮鸡蛋切成两半，每盘放半个，盛上汤，浇上奶油即成。

（3）质量标准

色泽：浅绿色。

形态：稀糊状，60 ℃以上时基本为流体。

口味：鲜香，适口的酸咸味。

口感：菠菜软烂细腻。

例 5　栗子蓉汤

（1）原料

主料：鸡清汤 1 500 mL，牛奶 100 mL。

汤料：栗子 1 000 g，洋葱末 50 g，番芫荽 50 g，面粉 50 g。

（2）制作过程

1）把栗子煮熟，去皮及内膜，再加水煮烂，用细罗过成蓉。

2）用黄油把洋葱末炒香，放入面粉炒香，并逐渐倒入鸡清汤、牛奶及栗子蓉，在微火上开透。

3）把汤盛入盘内，撒上面包丁及番芫荽，浇上奶油即成。

（3）质量标准

色泽：浅褐色。

形态：稀糊状，60 ℃以上时基本为流体。

口味：鲜香，栗子香，微咸。

口感：细腻滑爽。

第八章

热菜制作

第一节　烹调方法基本知识

一、用油传热的烹调方法

以油为传热介质进行烹调是烹调中常用的方法。多数油脂经加热后，温度可达200 ℃以上，因此用油烹制菜肴可使菜肴成熟快，并有油脂香气，且具有良好的风味。但用油传热进行烹调对一些营养素会有破坏作用，虽然如此，用油传热进行烹调仍是一种深受欢迎的烹调方法。

用油传热进行烹调的具体方法有炸、煎、炒等。

1. 炸

（1）概念。炸是把加工成型的原料经调味并裹上保护层后，放入油锅中（油要浸没原料）加热至成熟并上色的烹调方法。炸的传热介质是油，传热形式是对流与传导。常用的炸制方法有以下两种：

1）在原料表层蘸匀面粉，裹上鸡蛋液，再蘸上面包渣，然后进行炸制。

2）在原料表层裹上面糊，然后进行炸制。

（2）特点。由于炸制的菜肴是在短时间内用较高的温度加热成熟的，这样原料表层可结成硬壳，而原料内部仍保持充足的水分，所以炸制菜肴都具有外焦里嫩或焦脆的特点。

（3）适用范围。由于炸制的菜肴要求原料在短时间内成熟，所以炸的方法适宜制

71

作粗纤维少、水分充足、质地脆嫩、易成熟的原料，如鱼虾类、嫩鸡、嫩肉等。

2. 煎

（1）概念。煎是把加工成型的原料经腌渍入味，再用少量的油在平底锅中加热至上色，并达到规定火候的烹调方法。

煎的传热介质是油和金属，传热形式主要是传导。

常用的煎法有以下三种：

1）原料在煎制前不蘸任何保护层，直接放入平底锅中加热。

2）把原料蘸上一层面粉，再放入平底锅中煎制。

3）把原料蘸上一层面粉，再裹上鸡蛋液，然后放入平底锅中煎制。

（2）特点。直接煎和蘸面粉煎的方法可使原料表层结壳，原料内部仍保持较多的水分，因此具有外焦里嫩的特点。

使用裹鸡蛋液煎的方法，原料表层不结壳，原料内部可保留充足的水分，因此具有鲜香软嫩的特点。

（3）适用范围。由于煎的烹调方法要求原料在短时间内成熟，并保持质地鲜嫩的特点，所以适宜制作含水分多、质地鲜嫩的原料，如里脊、外脊、鱼、虾、鸡胸肉等。

3. 炒

（1）概念。炒是把加工成丝、片、条等形状的原料，用少量的油，在较高的温度下、较短的时间内加工成熟的烹调方法。

（2）特点。由于炒制的菜肴加热时间短，温度高，而且在炒制过程中一般不加入过多的汤汁，所以炒制的菜肴都具有脆嫩、鲜香的特点。

（3）适用范围。炒的烹调方法适宜制作质地鲜嫩的原料和一些熟料，如里脊、外脊、蔬菜、米饭、面条等。

二、用水传热的烹调方法

因为水的沸点为 100 ℃，所以用水进行传热的烹调形式温度范围较低。在这种温度范围内进行烹调，各种营养素的损失都很小，同时还可使菜肴具有清淡爽口的特点。用水传热进行烹调的具体方法有温煮、沸煮、蒸、烩、焖等。

1. 温煮

（1）概念。温煮是把需要加工的原料放入水或基础汤中，用低于沸点的温度，把原料煮至成熟的烹调方法。温煮的传热介质是水，传热形式是对流与传导。

（2）特点。由于温煮使用的温度比较低，所以这种烹调方法对原料的组织及营养素的破坏都很小，可以使菜肴保持较多的水分，并使菜肴具有质地鲜嫩、口味清淡、原汁原味的特点。

（3）适用范围。温煮法适宜制作质地鲜嫩、粗纤维少、水分充足的原料，如鸡蛋、鱼、虾、嫩鸡等。

2. 沸煮

（1）概念。沸煮是把需要加工的原料放入水或基础汤中，加热至沸腾，再用小火把原料煮至成熟的烹调方法。沸煮的传热介质是水，传热形式是对流与传导。

（2）特点。由于沸煮的菜肴不用浓汁加热，也不用油进行初步热加工，所以烹调的菜肴具有清淡爽口的特点，同时也充分保留了原料本身的鲜美滋味。另外，沸煮对原料营养素破坏也较少。

（3）适用范围。沸煮的烹调方法适用范围很广，一般的蔬菜、禽肉类原料都可用此种方法制作。

3. 蒸

（1）概念。蒸是把加工成型的原料，经调味后放入有一定压力的容器内，用蒸汽加热，使菜肴成熟的烹调方法。

蒸汽是达到沸点而汽化的水，所以蒸是以水为介质传热形式的发展，其传热形式是对流换热。由于蒸在加热过程中要有一定压力，所以温度可略高于沸点，不过多数菜肴不需要太高的温度。

（2）特点。由于蒸的菜肴用油少，又是在容器内进行加热，所以原料营养素损失很少，菜肴也比较清淡，同时具有原汁原味的特点。

（3）适用范围。蒸的方法适宜制作质地鲜嫩、水分充足的原料，如鱼、虾、嫩鸡等。

4. 烩

（1）概念。烩是把加工成型的原料放入用原料自身原汁调成的浓少司内，加热至成熟的烹调方法。烩的传热介质是水，传热方式是对流与传导。

由于烹调中使用的少司不同，烩又可分为红烩、白烩、混合烩等不同类型。

（2）特点。由于烩制菜肴使用原汁和不同色泽的浓少司，所以一般具有原汁原味、口味浓香、色泽艳丽的特点。

（3）适用范围。由于烩制菜肴加热时间较长，并且经初步热加工，所以烩制法适宜制作的原料很广泛，可用来制作各种动物性原料、植物性原料、质地较嫩和较老的原料。

5. 焖

（1）概念。焖是把加工成型的原料，经初步热加工，再放入基础汤中，加上盖，在烤箱内加热，使之成熟的烹调方法。

焖的传热介质有水，也有空气；传热方式有对流与传导，也伴随热辐射。

焖与烩的烹调方法相似，但也有很多不同之处，主要区别见表8-1。

表8-1　焖与烩的区别

序号	焖	烩
1	原料加工成大块或小块	原料加工成小块或丁
2	汤汁浸没原料1/2或1/3	少司浸没原料
3	原料成熟后再调制少司	原料与少司同时烩制
4	在烤箱内加盖焖制	在烤箱内、炉灶上都可以烩制

（2）特点。由于焖制菜肴加热时间较长，所以一般具有软烂、味浓、原汁原味的特点。

（3）适用范围。焖制的烹调方法适用范围广泛，既可制作质地鲜嫩的原料，也适宜制作结缔组织较多的原料。焖制时间可根据原料质地的不同灵活掌握。

三、用空气传热的烹调方法

用空气传热的烹调方法在西餐烹调中使用非常广泛，其使用的温度范围很广，最低可在100 ℃以下，最高可达300 ℃以上。用空气传热的烹调方法包括烤、焗、铁扒和串烧。

1. 烤

（1）概念。烤是把体积较大的生料，经初步加工，加调味品腌渍入味，然后放入封闭的烤炉内，加热至上色，并达到规定火候的烹调方法。烤的传热介质是空气，传热形式是对流。

（2）特点。封闭式烤法加热均匀，可使菜肴具有特殊风味，并具有外焦里嫩的特点。

（3）适用范围。封闭式烤法适宜制作体积较大的生料，如肉类、禽类、嫩鸡、外脊肉、羊腿等。

2. 焗

（1）概念。焗是广州、香港一带的习惯用语，是指把各种经初步加工成熟的原料，浇上不同的少司，用明火烤至成熟上色的烹调方法。焗的传热介质是空气，传热形式是热辐射。

（2）特点。由于焗制的菜肴表层盖有浓少司，可使主料质地鲜嫩，同时具有气味芳香、口味浓郁的特点。

（3）适用范围。焗的烹调方法适宜制作质地鲜嫩的原料，如鱼、虾、嫩肉、蔬菜、鲜蘑等。

3. 铁扒

（1）概念。铁扒是把加工成型的原料，经腌渍调味后，放在扒炉上，扒成带有网状的焦纹，并达到规定火候的烹调方法。铁扒的传热介质是空气和金属，传热形式是热辐射与传导。

（2）特点。由于铁扒的烹调方法是用明火烤制，温度高，能使原料表层迅速碳化，而原料内部的水分流失少，所以这种烹调方法制作的菜肴都带有明显的焦香味，并有鲜嫩多汁的特点。

（3）适用范围。由于铁扒是一种温度高、时间短的烹调方法，所以适宜制作质地鲜嫩的原料，如牛外脊、鱼、虾等。

4. 串烧

（1）概念。串烧是把加工成片、块的原料经腌渍后，用金属扦串起来，在明火上烧制或用油煎制，使之成熟并上色的烹调方法。

（2）特点。由于串烧的菜肴都经过腌渍，所以口味较浓，并有焦香、鲜嫩的特点。同时串烧的菜肴形式上也较美观新颖。

（3）适用范围。串烧是用较高温度，经短时间加热的烹调方法，所以适宜制作质地鲜嫩的原料。

第二节　制作炸类菜肴

一、操作要点

1. 炸制菜肴的温度一般在 140~160 ℃，最高不超过 190 ℃。

2. 炸制体积较大、不易成熟的原料，要用较低的油温，以便热能逐渐向原料内部

传导，使其成熟。

3. 炸制体积小、易成熟的原料，油温要高些，以便原料快速成熟。

4. 炸制裹面糊的菜肴也应用较低的油温，以使面糊慢慢膨胀，热能逐渐向原料内部传导，把原料炸熟。

5. 油要经常过滤，去除杂物，以防变质。

二、制作实例（用料以 4 份量计算）

例 1 炸火腿奶酪猪排（意）

（1）原料

主料：净猪排 400 g，奶酪 40 g，火腿 10 g。

辅料：鲜面包蓉 100 g，鸡蛋液 100 g，面粉 50 g。

调料：盐 5 g，胡椒粉少量。

配料：炒意大利面条 200 g，时令蔬菜 100 g，番茄少司 100 g。

（2）制作过程

1）把猪排用拍刀拍开，稍剁，抹平。

2）把火腿和奶酪切成丝，放在猪排上，包好。

3）在猪排上撒匀盐和胡椒粉，蘸上一层面粉，刷上鸡蛋液，再蘸上面包蓉，用手按实。

4）把猪排放入炸炉内，用 140 ℃的油炸成金黄色，捞出。

5）在盘边配上炒意大利面条及时令蔬菜，放上猪排，在盘边淋上番茄少司即成。

（3）质量标准

色泽：金黄色，均匀一致。

形态：椭圆形，薄厚均匀。

口味：浓香，微咸。

口感：外焦里嫩。

例 2 面包粉炸比目鱼（法）

（1）原料

主料：净鱼肉 600 g。

辅料：鸡蛋 2 个，沙拉油 10 g，水 10 g，面粉 10 g，面包渣 50 g。

调料：黄油 125 g，鲜罗勒 10 g，盐、胡椒粉、柠檬汁适量。

配料：炸土豆条 200 g，柠檬角 80 g，番芫荽 50 g。

（2）制作过程

1）把黄油化软，放入切碎的罗勒、柠檬汁、盐、胡椒粉搅拌均匀，用油纸卷成卷，放入冰箱冷藏使之凝固。

2）把鸡蛋、沙拉油、水放在一起搅拌均匀。

3）把鱼肉加工成 4 条，撒上盐、胡椒粉，蘸上面粉、鸡蛋糊、面包渣，按实，放入油锅中，炸成金黄色。

4）把炸好的鱼放在盘中间，盘边配上炸土豆条、柠檬角、番芫荽。

（3）质量标准

色泽：金黄色，均匀一致。

形态：片状，薄厚均匀。

口味：鲜香。

口感：外焦里嫩。

例 3 面糊炸鱼条（英）

（1）原料

主料：净鱼肉 500 g。

辅料：面粉 200 g，啤酒 150 mL，鸡蛋 3 个。

调料：干白葡萄酒 20 mL，柠檬汁 10 mL，盐 6 g，胡椒粉少量。

配料：炸土豆条 200 g，柠檬角 80 g，鞑靼少司 100 g。

（2）制作过程

1）把鱼肉切成条，加干白葡萄酒、柠檬汁、盐、胡椒粉，腌入味。

2）把面粉、鸡蛋黄、啤酒调成糊状，再把鸡蛋清打成泡沫状，倒在啤酒糊内，轻轻搅拌均匀。

3）把腌好的鱼条蘸上薄薄一层面粉，再裹上面糊，放入 140 ℃的油锅中慢慢炸至成熟上色。

4）用纸吸去炸好的鱼条表层的余油，放在盘子中间，盘边配上炸土豆条、柠檬角及鞑靼少司即成。

（3）质量标准

色泽：金黄色，均匀一致。

形态：长条形，面糊膨松，表层光滑。

口味：鲜香，适口的酸咸味。

口感：外焦里嫩。

例 4 炸奶酪小牛排（意）

（1）原料

主料：带骨小牛排 4 片。

辅料：鲜面包渣 100 g，意大利硬奶酪 30 g，番茄 200 g。

调料：黄油 80 g，橄榄油 80 g，柠檬汁 50 g，干红葡萄酒 80 g，罗勒、盐、胡椒粉适量。

配料：炒意大利面条 200 g，时令蔬菜 100 g。

（2）制作过程

1）把带骨小牛排拍成厚片，撒匀盐、胡椒粉，把意大利硬奶酪切碎，和鲜面包渣混合均匀。

2）把小牛排蘸上一层面粉、一层鸡蛋液，再蘸上面包渣和奶酪的混合物，用油炸成金黄色。

3）把番茄去皮切碎，用橄榄油炒香，加入干红葡萄酒、罗勒、盐、胡椒粉热透，浇在盘边。

4）把炸好的小牛排放在盘中间，浇上熔化的黄油和柠檬汁，盘边配上意大利面条即成。

（3）质量标准

色泽：金黄色，均匀一致。

形态：厚片状，平整，表皮不脱落。

口味：浓郁的黄油和奶酪香味及适口的酸咸味。

口感：外焦里嫩。

例 5 奶油炸虾球（法）

（1）原料

主料：净虾肉 200 g。

辅料：稠奶油少司 300 g，鲜面包渣 100 g，面粉 20 g，鸡蛋 1 个。

调料：干白葡萄酒 50 mL，盐 5 g，胡椒粉少量。

配料：炸土豆丝 200 g，时令蔬菜 200 g。

（2）制作过程

1）把净虾肉切成小丁，放入稠奶油少司内，加少量鲜面包渣，调入干白葡萄酒、盐、胡椒粉，搅拌均匀。

2）把和好的虾馅滚成球，蘸上面粉、鸡蛋液、鲜面包渣，炸至成熟上色。

3）把炸好的虾球放在盘中间，盘边配上炸土豆丝及时令蔬菜即成。

（3）质量标准

色泽：金黄色，均匀一致。

形态：圆球状，大小均匀，不破、不裂。

口味：奶油香、酒香，味道鲜美，微咸。

口感：外焦里嫩。

第三节　制作煎类菜肴

一、操作要点

1. 煎的温度范围一般在 120~170 ℃，最高不超过 190 ℃，最低不得低于 95 ℃。

2. 煎制薄且易成熟的原料时，应用较高的油温。

3. 煎制厚且不易成熟的原料时，应用较低的油温。

4. 煎制裹鸡蛋液的原料时，要用较低的油温。

5. 使用的油不宜多，最多只能浸没原料的 1/2。

6. 在煎制过程中要适当翻转原料，以使其受热均匀。

7. 在翻转过程中，不要碰损原料表面，以防原料水分流失。

8. 煎制体积大且不易成熟的原料时，可在煎制后再放入烤箱烤，使之成熟。

二、制作实例（用料以 4 份量计算）

例 1　黄油柠檬煎鱼（欧陆）

（1）原料

主料：净鱼肉 600 g。

辅料：水瓜纽 10 g，番茄丁 10 g，鱼汤 30 g。

调料：黄油 20 g，干白葡萄酒 30 mL，盐 5 g，胡椒粉、香叶、胡椒粒少量。

配料：煮土豆 200 g，柠檬片 50 g，时令蔬菜 200 g。

（2）制作过程

1）把鱼肉加工成片，加入盐、胡椒粉、干白葡萄酒腌入味。用少量油，小火，慢

慢把鱼煎熟。

2）把香叶、胡椒粒用干白葡萄酒煮出味。

3）把黄油熔化，逐渐加入鱼汤、干白葡萄酒、柠檬汁、水瓜纽、番茄丁，调成少司。

4）把少司浇在盘内，上面放上鱼，盘边配上煮土豆、柠檬片及时令蔬菜即成。

（3）质量标准

色泽：鱼片乳黄，少司橙黄，鲜艳，有光泽。

形态：鱼片整齐、不碎，少司水、油融合不澥。

口味：鲜香，酒香，咸酸适口。

口感：鲜嫩多汁。

例2　诺曼底煎海鲜（法）

（1）原料

主料：三文鱼、比目鱼、鲜贝、大虾共600 g。

辅料：白萝卜50 g，番茄50 g，芹菜50 g，洋葱20 g，大蒜20 g，鱼基础汤400 mL。

调料：干白葡萄酒100 mL，茴香酒100 mL，奶油200 mL，柠檬汁50 mL，盐50 g，胡椒粉少量。

配料：时令蔬菜200 g。

（2）制作过程

1）把三文鱼、比目鱼片成片，和其他海鲜一起，加干白葡萄酒、柠檬汁、盐、胡椒粉腌入味，然后用油煎熟。

2）把白萝卜切成薄片，用沸水烫一下；把番茄去皮，切成小丁。

3）把芹菜放入鱼基础汤内，上火煮去汤的1/2，加茴香酒，再加奶油煮浓，过罗，再用软黄油调浓度。

4）把一部分煎好的海鲜放在盘中，上面放白萝卜片，再放上余下的海鲜，放上白萝卜片，上面放上番茄丁，四周浇上少司，盘边配上时令蔬菜即成。

（3）质量标准

色泽：海鲜浅黄，少司乳黄，萝卜洁白。

形态：海鲜整齐不碎。

口味：鲜香、酒香、奶香。

口感：鲜嫩多汁。

例3　煎鲜贝（法）

（1）原料

主料：鲜贝500 g。

辅料：菠菜 200 g，红柿椒 100 g，洋葱末、大蒜末 30 g，奶油少司 50 g。

调料：干白葡萄酒 100 mL，柠檬汁 30 mL，奶油 50 mL，黄油 80 g，盐 5 g，红椒粉、杂香草、胡椒粉少量。

配料：煎土豆丝饼 200 g。

（2）制作过程

1）把鲜贝用干白葡萄酒、柠檬汁、盐、胡椒粉腌入味，用小火、少量油慢慢煎熟。

2）把菠菜烫软，剁成泥。用黄油把洋葱末、大蒜末炒香，放入菠菜泥稍炒，调入盐、胡椒粉、奶油少司、奶油，搅拌均匀。

3）把红柿椒去皮放在搅拌器内，放入干白葡萄酒、红椒粉、黄油、奶油、盐、胡椒粉、杂香草，搅打成红椒少司。

4）把菠菜泥倒在盘中，上面放鲜贝，再放上煎土豆丝饼，将红椒少司浇在四周即成。

（3）质量标准

色泽：鲜贝淡黄，少司浅红，鲜艳，有光泽。

形态：鲜贝完整不碎，码放整齐不乱。

口味：鲜香，酒香，味咸酸。

口感：鲜嫩多汁。

例 4　米兰煎猪排（意）

（1）原料

主料：猪排 600 g。

辅料：火腿丝 80 g，牛舌丝 80 g，蘑菇丝 60 g，奶酪粉 20 g，鸡蛋液 200 g，面粉 50 g。

调料：干红葡萄酒 50 mL，盐 4 g，百里香、胡椒粉少量。

配料：炒意大利面条 200 g。

（2）制作过程

1）把猪排加工成厚片状，撒上盐、胡椒粉。

2）用黄油把火腿丝、牛舌丝、蘑菇丝炒香，调入干红葡萄酒，待用。

3）把百里香、奶酪粉调入鸡蛋液，搅匀。

4）把猪排蘸匀面粉，拖上鸡蛋液，用少量油、小火慢慢煎熟。

5）把猪排放在盘中间，上面放火腿丝、牛舌丝、蘑菇丝，盘边配上炒意大利面条即成。

（3）质量标准

色泽：猪排金黄色，均匀一致。

形态：厚片状，鸡蛋糊不脱落。

口味：浓香，奶酪香，微咸。

口感：软嫩多汁。

例5　核桃煎猪排（法）

（1）原料

主料：带骨猪排 800 g。

辅料：核桃碎粒 60 g，松子仁 40 g，番茄 200 g，牛基础汤 400 mL。

调料：干白葡萄酒 100 mL，波尔图酒 50 mL，核桃油 50 mL，芥末酱 50 g，盐 5 g，胡椒粉少量。

配料：圆白菜 200 g，洋葱 50 g，胡萝卜 50 g，蘑菇 50 g，培根 30 g。

（2）制作过程

1）把带骨猪排加工成厚片状，加入盐、胡椒粉、核桃油腌入味。

2）把猪排煎上色，取出，单面抹上芥末酱，蘸上核桃碎粒、松子仁，再煎至成熟上色。

3）把圆白菜叶烫软，放在模子内。

4）用黄油把洋葱丝、培根丝、胡萝卜丝、蘑菇丝炒香，加入波尔图酒、牛基础汤煮透，放在模子内，用圆白菜叶包好，放入烤箱，烤至上色。

5）把干白葡萄酒倒入少司锅内，用大火煮干，再加入牛基础汤，煮干汤的 1/2，加番茄丁、盐、胡椒粉、核桃油，最后调入芥末酱。

6）把煎好的猪排放在盘中间，盘边放配菜，再浇上少司即成。

（3）质量标准

色泽：猪排焦黄色，均匀一致。

形态：猪排厚片状，表层蘸满核桃仁和松子仁。

口味：焦香，浓郁的核桃味和微咸味。

口感：外焦里嫩。

例6　煎瓤鸡胸（法）

（1）原料

主料：去骨鸡胸 4 块。

辅料：奶油少司 300 g，煮胡萝卜泥 50 g。

馅料：净鸡胸肉 100 g，鸡蛋 20 g，奶油 20 g，干白葡萄酒 20 mL，洋葱末、杂香草、盐、胡椒粉少量。

配料：煮土豆及时令蔬菜 200 g。

（2）制作过程

1）把所有的馅料放在搅打器内打成细腻的鸡肉馅。

2）把鸡胸从大头处片一刀，成口袋状，然后填入鸡肉馅，蘸匀面粉，用小火、少量油煎上色，再盖上锡纸，烤熟。

3）把胡萝卜泥放在奶油少司内，搅拌均匀，热透。

4）把鸡胸斜片成三片，码在盘中间，浇上少司，盘边配上煮土豆和时令蔬菜即成。

（3）质量标准

色泽：鸡胸浅黄，少司橙黄，有光泽。

形态：鸡胸斜片状，均匀、整齐。

口味：鲜香、奶香、微咸。

口感：鲜嫩适口。

第四节 制作炒类菜肴

一、操作要点

1. 炒的温度范围在 150~190 ℃。

2. 炒制的原料形状要小，而且大小要均匀。

3. 炒制菜肴的加热时间短，翻炒频率要快。

二、制作实例（用料以 4 份量计算）

例 1 俄式牛肉丝

（1）原料

主料：牛里脊肉 500 g。

辅料：洋葱 60 g，青椒 60 g，番茄 40 g，蘑菇片 40 g，酸黄瓜 40 g，布朗少司 200 mL。

调料：干红葡萄酒 200 mL，酸奶油 40 mL，番茄酱 60 g，盐 5 g，红椒粉、胡椒粉少量。

配料：黄油炒米饭 200 g，时令蔬菜 100 g。

（2）制作过程

1）把牛里脊肉、洋葱、青椒、番茄、酸黄瓜都切成粗丝。

2）用大火迅速把牛里脊丝炒变色，放入洋葱、青椒、蘑菇片、番茄、酸黄瓜、番茄酱稍炒，加入干红葡萄酒、酸奶油、布朗少司、盐、胡椒粉、红椒粉热透。

3）把肉丝倒在盘中，盘边配上黄油炒米饭及时令蔬菜即成。

（3）质量标准

色泽：汤汁深红色，间有各种蔬菜的鲜艳色泽。

形态：菜肴的汤汁与主辅料混合均匀，盘内有少量余汁。

口味：浓香，微咸酸。

口感：鲜嫩适口。

例2 炒蔬菜（欧陆）

（1）原料

主料：黄、绿两种小西葫芦 300 g，茄子 100 g，番茄 100 g，洋葱 50 g，蘑菇 50 g。

辅料：红柿椒 200 g，面糊 50 g，紫菜 2 片，大蒜末 50 g。

调料：橄榄油 50 g，意大利香醋 30 mL，柠檬汁 30 mL，奶油 30 mL，黄油 30 g，盐 5 g，胡椒粉少量。

配料：玉米饼 120 g。

（2）制作过程

1）把各种蔬菜都切成片，蘑菇刻上花纹，放入洋葱、大蒜末、意大利香醋、橄榄油、盐、胡椒粉腌入味，炒熟。

2）把红柿椒去皮，把洋葱、大蒜末炒香，放入红柿椒稍炒，倒入搅拌器内，加入奶油、黄油、柠檬汁、盐、胡椒粉搅打成浓汁。

3）把紫菜蘸上面糊炸上色。

4）把玉米饼放在盘中间，上面放炒好的蔬菜，再把紫菜放在蔬菜上，四周浇上少司即成。

（3）质量标准

色泽：鲜艳，有光泽。

形态：整齐不乱。

口味：清淡，微咸酸。

口感：脆嫩爽口。

例 3　炒意大利面条（意）

（1）原料

主料：意大利面条 500 g，牛肉末 300 g。

辅料：牛基础汤 100 mL，胡萝卜 50 g，芹菜 50 g，洋葱、大蒜末 50 g。

调料：黄油 70 g，番茄酱 50 g，盐 5 g，百里香、胡椒粉、奶酪粉少量。

（2）制作过程

1）把胡萝卜、芹菜切成碎末，意大利面条煮熟，用冷水过凉。

2）用油把洋葱、大蒜末炒香，放入牛肉末炒变色，放番茄酱稍炒，加牛基础汤、百里香、盐、胡椒粉用小火煮透。

3）用黄油把意大利面条炒透，放入盘中，浇上肉末少司，撒上奶酪粉即成。

（3）质量标准

色泽：面条浅黄，肉末少司浅红。

形态：装盘整齐，不散乱。

口味：肉香、奶香浓郁，咸酸适口。

口感：面条软而不糟，肉末烂而不干。

第九章

冷菜制作

第一节　冷　菜

西餐冷菜是西餐中重要的组成部分，主要以沙拉和冷开胃菜为主，通常用来作为正餐的第一道菜，有些也可以作为一道主菜。西餐中的冷餐酒会、鸡尾酒会多以冷菜为主，冷菜深受西方人的喜爱。

一、冷菜的特点

西餐冷菜尤其是冷开胃菜，大都具备以下特点。

1. 色调清新、和谐，造型美观，令人赏心悦目，诱人食欲。

2. 以酸、咸、辛辣为主，开胃爽口，能增加食欲。

3. 块小、易食。

4. 可提前制作，供应迅速。

二、冷菜制作基本要求

1. 冷菜是直接入口的菜肴，从制作到拼摆装盘的每一个环节都要求注意卫生，严防有害物质污染。

2. 选料要讲究，各种蔬菜、海鲜、禽肉类等都要求质地新鲜、外观完好，对于生食的原料还要进行消毒处理。

3. 冷菜制作时一般应选用熔点低的植物油，而不要过多地使用动物性油脂，以免因油脂凝结影响菜肴的质量。

4. 制作好的冷菜应晾至 5~8 ℃后再冷藏保存。冷菜在切配后应尽快食用，食用时的温度以 10~12 ℃为宜。

三、冷菜的分类

西餐中的冷菜品种很多，大体上可以分为沙拉和冷开胃菜两大类。沙拉分为主菜沙拉和开胃沙拉两种。冷开胃菜包括胶冻类、批类、冷肉类和其他开胃小吃等品种。

第二节　冷调味汁

冷调味汁主要用于西餐中的沙拉和其他冷菜的调味，有些品种还可以佐餐热菜，用于热菜菜肴的调味。

一、马乃司（mayonnaise）

马乃司又称沙拉酱、蛋黄酱，是一种最基础的冷调味汁，用途广泛。

1. 原料

主料：鸡蛋黄 2 个，沙拉油 500 g。

辅料：芥末 20 g，柠檬汁或白醋 60 mL，盐、胡椒粉、凉开水适量。

2. 制作过程

（1）将鸡蛋黄放入陶瓷器皿内，再放入芥末、盐、胡椒粉。

（2）用蛋抽将蛋黄搅匀，然后慢慢加入沙拉油，并用蛋抽不断搅拌，使油与蛋黄融为一体。

（3）当搅至很浓稠、搅拌费力时，加入少量白醋或柠檬汁及凉开水，使浓度降低。颜色变浅后，再继续加沙拉油，直至将沙拉油加完即可。

3. 质量标准

（1）色泽：浅黄，均匀，有光泽。

（2）形态：稠糊状。

（3）口味：清香，有适口的酸、咸味。

（4）口感：绵软，细腻。

4. 制作原理

马乃司的制作主要是利用了脂肪的乳化作用。油与水是不融合的，通过搅拌可使其均匀分散形成乳浊液，但静止后油与水又会分离。如果在乳浊液中加入乳化剂，就可以使其形成相对稳定的状态。

在制作马乃司时，生鸡蛋黄不但是乳化的脂肪，而且含有较高的卵磷脂。卵磷脂本身就是天然的乳化剂，它的分子结构中既有亲水基又有疏水基。当对鸡蛋黄加油搅拌时，油就会形成肉眼看不到的微小油滴。在这些小油滴的表层，乳化剂中的疏水基与其相对，形成薄膜；与此同时，乳化剂中的亲水基与水分子相对。当马乃司很黏稠，即油的比例过高时，就要加入部分水分子，使油与水的比例重新调整，才可以继续加油。

5. 保存方法

（1）应存放于室温为 5~10 ℃的环境或 0 ℃以上的冷藏柜中。如温度过高，马乃司易脱油；温度过低，马乃司结冰后再解冻也会脱油。

（2）存放时应加盖，以防表层水分蒸发而脱油。

（3）取用时应用无油器具，否则也易脱油。

（4）应避免强烈振动，以防脱油。

二、千岛汁（Thousand Island dressing）

千岛汁是以马乃司为基础衍变而来的一种少司，常用于沙拉和部分热菜菜肴的调味。

1. 原料

主料：马乃司 600 g。

辅料：番茄少司 150 g，煮鸡蛋 1 个，酸黄瓜 30 g，花生米 25 g，柠檬汁、白兰地酒、盐、胡椒粉适量。

2. 制作过程

（1）将煮鸡蛋去皮切碎，酸黄瓜去籽、切成粒，花生米烤熟切碎。

（2）将所有辅料混合，逐渐加入马乃司，搅拌均匀即可。

3. 质量标准

（1）色泽：粉红色。

（2）形态：糊状，半流体，颗粒均匀。

（3）口味：酸甜，微咸。

（4）口感：绵软，滑嫩。

三、鞑靼少司（tartar sauce）

鞑靼少司是以马乃司为基础衍变而来的一种少司，常用于沙拉及炸制鱼类菜肴的调味。

1. 原料

主料：马乃司 250 g。

辅料：酸黄瓜 50 g，青椒 25 g，番芫荽末 10 g，柠檬汁、盐、胡椒粉适量。

2. 制作过程

（1）将酸黄瓜、青椒切碎。

（2）将所有原料混合，搅拌均匀。

3. 质量标准

（1）色泽：白色带黑点。

（2）口味：酸咸。

（3）形态：糊状，半流体，颗粒均匀。

（4）口感：绵软，滑嫩。

四、醋油汁（vinegar dressing）

醋油汁又称醋汁、油醋汁，广泛用于沙拉的调味。

1. 原料

主料：沙拉油 200 g，白醋 50 g。

辅料：法式芥末酱 5 g，盐、胡椒粉适量。

2. 制作过程

（1）将盐、胡椒粉、法式芥末酱、白醋混合，搅拌均匀。

（2）逐渐加入沙拉油搅打，使其呈乳浊液状态。

醋油汁还可以根据不同需要，加一些调味品，如香葱、罗勒、番芫荽末、洋葱末等。

3．质量标准

（1）色泽：淡黄色。

（2）形态：流体，乳浊液。

（3）口味：酸咸，微辣。

（4）口感：爽滑细腻。

第三节　沙　　拉

一、沙拉的概念

沙拉是英文 salad 的译音，我国北方习惯译为"沙拉"，上海习惯译为"色拉"，广州、香港一带译为"沙律"，泛指凉拌菜。

二、沙拉的分类

沙拉从上菜形式上大体可以分为两大类，即开胃沙拉和主菜沙拉。

1．开胃沙拉

开胃沙拉又称头盘沙拉、什锦沙拉，为全餐的第一道菜。它通常是由多种食物混合调制而成，口味以酸咸、辛辣为主，量少而精。

2．主菜沙拉

主菜沙拉通常是以海鲜、肉类、蔬菜等为主，作为一道主菜食用，口味多样，量较大。

三、适用范围

沙拉选料广泛，各种蔬菜、水果、海鲜、禽蛋、肉类及熟制品皆可制作沙拉。沙拉适用于午餐、晚餐、正餐、冷餐酒会、鸡尾酒会等。

四、制作实例

例 1　土豆沙拉

（1）原料

主料：净土豆 200 g。

辅料：洋葱末 10 g，番芫荽末少许。

调料：马乃司 40 g，奶油 20 mL，盐、白醋适量。

（2）制作过程

1）将土豆蒸或煮熟，去皮，切成 0.5~1 cm 见方的丁或切成小片。

2）将土豆丁或片放入碗内，加入马乃司、奶油、白醋、盐及洋葱末，拌匀。

3）装盘时撒上番芫荽末即可。

（3）质量标准

色泽：淡黄色。

形态：装配美观，土豆丁均匀一致。

口味：鲜香，有适口的酸咸味。

口感：绵软细腻。

在土豆沙拉的基础上加上各种辅料，可以制成鸡蛋沙拉、火腿沙拉等。

例 2　德式扁豆沙拉

（1）原料

主料：嫩扁豆 500 g。

辅料：洋葱末 50 g。

调料：醋油汁 50 mL，盐适量。

（2）制作过程

1）将扁豆去筋，切成长 6 cm 左右的段。

2）放入沸盐水中煮熟，捞出控干水分，晾凉。

3）将扁豆与洋葱末、醋油汁混合，搅拌均匀。

（3）质量标准

色泽：翠绿。

形状：棍状，整齐均匀。

口味：清香，酸咸适口。

口感：脆嫩爽口。

例 3 鸡肉沙拉

（1）原料

主料：熟鸡肉 400 g。

辅料：番茄 50 g，煮鸡蛋 1 个，银鱼柳 10 g，黑橄榄 10 g，生菜叶 4 片。

调料：醋油汁 50 mL。

（2）制作过程

1）将生菜叶放入沙拉盘内垫底。

2）将熟鸡肉去皮、去骨，切成丁或丝，放于生菜叶上。

3）将番茄、煮鸡蛋切成角，围在鸡肉四周。

4）将银鱼柳、黑橄榄放在肉丁上。

5）浇上醋油汁。

（3）质量标准

色泽：鲜艳，色彩和谐。

形态：装盘饱满、美观。

口味：清香及适口的酸咸味。

口感：软嫩清爽。

例 4 华尔道夫沙拉

（1）原料

主料：熟土豆 50 g，苹果 50 g，芹菜 50 g，熟鸡肉 25 g。

辅料：核桃肉 10 g，番茄 1 个，生菜叶 4 片。

调料：鲜奶油 20 mL，马乃司 30 g，盐适量。

（2）制作过程

1）熟鸡肉切成 1 cm 粗的条，熟土豆去皮，苹果去皮、去核，芹菜去筋，均切成条。

2）核桃肉用开水泡过后，剥去皮，切成片。

3）将鸡肉条、芹菜条、土豆条、苹果条一起放入碗内，并加入一半的核桃肉。

4）将鲜奶油打起，与马乃司一起放入碗内，并用盐调味，搅拌均匀。

5）盘边用番茄、生菜叶装饰，然后放上沙拉，最后将另一半核桃肉撒在沙拉上即可。

（3）质量标准

色泽：淡黄色。

形态：条状，粗细均匀。

口味：香甜，微咸。

口感：脆嫩爽口。

例 5　尼斯沙拉

（1）原料

主料：嫩扁豆 200 g，熟土豆 100 g，番茄 100 g。

辅料：黑橄榄 10 g，银鱼柳 10 g，金枪鱼肉 10 g，酸豆 5 g。

调料：醋油汁 100 mL，盐、胡椒粉适量。

（2）制作过程

1）将番茄去皮、去籽、切成片；嫩扁豆去筋，用盐水煮熟，切成段；熟土豆去皮，切成丁。

2）将番茄片摆放在盘子四周，中间放土豆丁、扁豆段，撒上盐、胡椒粉，浇上醋油汁拌匀。

3）再放上银鱼柳、金枪鱼肉、酸豆和黑橄榄装饰。

（3）质量标准

色泽：鲜艳多彩。

形态：装配饱满，造型美观。

口味：鲜香及适口的酸咸味。

口感：鲜嫩爽口。

例 6　凯撒沙拉

（1）原料

主料：长叶生菜 500 g，奶酪 200 g，银鱼柳 200 g，鲜蘑 200 g。

辅料：番茄 5 个，炸法式面包丁 50 g，咸肉 10 g。

调料：橄榄油 50 g，柠檬汁 20 g，白葡萄酒醋 20 mL，芥末、盐、胡椒粉、洋葱末、蒜末适量。

（2）制作过程

1）将奶酪擦成丝，鸡蛋煮成嫩蛋，鲜蘑切片。

2）将芥末、洋葱末、蒜末拌匀，加入柠檬汁、白葡萄酒醋，再逐渐加入橄榄油，搅打成调味汁。

3）将生菜叶撕碎，放入盘内，撒上奶酪丝，再放上银鱼柳、鲜蘑片，浇上调味汁，最后再撒上炸面包丁、咸肉丁。

4）盘边用番茄、煮鸡蛋装饰。

（3）质量标准

色泽：艳丽多彩，自然和谐。

形态：装配饱满，造型美观。

口味：鲜香爽口及适口的酸咸味。

口感：脆嫩爽口。

第十章

早餐与快餐

第一节 早 餐

一、西式早餐的特点与分类

西式早餐在品种和内容上比较注重营养搭配，科学性较强。西式早餐中多为选料精细、粗纤维少、营养丰富的食品，如各种蛋类制品、面包、各种饮料等。这些食品从合理膳食的角度讲，是非常适合作为早餐食品的，并且也深受人们的喜爱。

西式早餐根据供应的食品和服务形式的不同，又分为英美式早餐和欧洲大陆式早餐两种。

1. 英美式早餐

英美式早餐又称美式早餐，其品种丰富，一般供应蛋类制品（各种煎蛋、炒蛋等）、谷物类制品（玉米片、麦片粥、燕麦粥等）、肉类制品（香肠、火腿、咸肉等）及面包、黄油、果酱、水果和果汁、咖啡、牛奶、红茶等。

2. 欧洲大陆式早餐

欧洲大陆式早餐品种较少，形式上也较简单，一般供应的品种主要是各种甜面包、牛角面包、面包卷及黄油、果酱、牛奶、咖啡等。

二、早餐制作实例

1. 蛋类制品

西式早餐中，常供应的蛋类制品主要有煮鸡蛋、炒蛋、煎蛋、水波蛋及蛋卷等。

（1）煮鸡蛋。西式早餐中，对于煮鸡蛋的生熟度很有讲究，依生熟度不同可分为软心煮蛋、半硬心煮蛋和硬心煮蛋 3 种。

1）软心煮蛋。将鸡蛋洗净，放入冷水中。水煮开后，改小火微沸 2~2.5 min。从水中取出鸡蛋，立刻放入鸡蛋杯中。

软心煮蛋一定要选用新鲜的鸡蛋，而且要带壳上菜。

2）半硬心煮蛋。将鸡蛋洗净后，放入冷水中。水沸后，改小火微沸 3~3.5 min。取出后，小心去皮，放入热盐水中再煮 0.5 min。

3）硬心煮蛋。将鸡蛋洗净，放入冷水中。水沸后，改小火微沸 5~8 min。取出，冷却即可。

煮鸡蛋时，如温度太高或时间过长，则会使蛋黄中的铁和蛋白中的硫化物释放出来，使蛋黄表面出现一层黑圈；如鸡蛋存放时间过长，蛋黄表面也会出现黑圈，影响质量。

（2）炒蛋。炒蛋也是西式早餐中常见的蛋类制品。

用料：鸡蛋 6~8 个，黄油 50 g，盐、胡椒粉、威士忌酒适量。

制作过程：

1）将鸡蛋打入碗内，加入盐、胡椒粉及少量的威士忌酒调味，打散。

2）用厚底煎盘将一半黄油熔化，倒入蛋液中温加热，并用木铲不断搅动，直至蛋液轻微凝结。

3）撤火，加入剩下的一半黄油，搅拌均匀即可。

制作炒蛋时应注意油温不要太高，否则会使鸡蛋变色、结块；烹制时间也不宜过长，否则会使水从鸡蛋中分离出来，发生脱水、收缩现象。另外，在此基础上加上各种辅料，可以制成番茄炒蛋、蘑菇炒蛋、杂香草炒蛋、面包丁炒蛋等。

（3）煎蛋。煎蛋是西式早餐中最常见的蛋品之一。煎蛋根据其烹调方式的不同，可分为一面煎蛋、两面煎蛋和法式煎蛋 3 种。

例 1　一面煎蛋

用料：新鲜鸡蛋 1~2 个，盐、胡椒粉适量。

制作过程：

1）将鸡蛋轻轻打入碗内，不要散。

2）煎盘内淋少许油，小心倒入鸡蛋，放入盐、胡椒粉调味。

3）小火烹制，直至蛋白凝固、蛋黄软流，取出，装入盘中。

在此基础上，可以用以煎或铁扒的方法制作的火腿、咸肉、香肠、番茄等来装饰，制成咸肉煎蛋、香肠煎蛋、火腿煎蛋等。

例 2　两面煎蛋

用料：新鲜鸡蛋 1~2 个，盐、胡椒粉适量。

制作过程：

1）将煎盘加热后，淋上少许油。

2）小心加入鸡蛋，用盐、胡椒粉调味。

3）中温煎制，至底面呈淡黄色时将鸡蛋翻转，将另一面也煎成淡黄色，蛋清、蛋黄成熟即可。

例 3　法式煎蛋

用料：新鲜鸡蛋 1~2 个，植物油、盐、胡椒粉适量。

制作过程：

1）煎盘内多加些油，小心放入鸡蛋，用盐、胡椒粉调味。

2）中温煎制，并用铲子不断地往鸡蛋表面撩油，使其表面形成一层白膜，将蛋黄封在很嫩的蛋白内即可。

2. 饮料

西餐中常见的饮料品种有咖啡、红茶、可可及各种果汁等。

（1）咖啡。咖啡是一种热带植物，其果实为红色、椭圆形，去除果肉后即为咖啡豆。咖啡豆经焙炒后研细，就是咖啡粉。由于加工方法的不同，咖啡又有颗粒状和粉末状两种。

颗粒状咖啡味香醇，但要经过煮制方可饮用。煮制时要先把水煮开，然后倒入咖啡，水与咖啡的比例一般为 3：1。待水沸后，再用文火煮 8~10 min。视其颜色已深并有香味时，把咖啡渣滤出，即可饮用。

煮制咖啡时一定要用不带油脂的器具，煮制时间不宜过长，否则会使咖啡颜色变黑，失去香味。咖啡在饮用时一般要加糖和牛奶。

粉末状咖啡即速溶咖啡，用热水冲开即可，饮用方便，但不如煮制的咖啡味香。

各种咖啡加冰块冷却后即为冷咖啡，冷咖啡还可以放上打起的奶油和果品一同饮用。

（2）红茶。红茶是经过发酵的茶类，色重味浓，多数西方人喜欢饮用。

为了供应方便，一般可提前煮好茶卤。茶叶与水的比例一般是 1 : 15。方法是：先将水煮沸，再加入茶叶，用微火煮 3~5 min，滤去茶叶后即是茶卤。饮用时先在茶杯内倒入茶卤，再冲入 4~5 倍的沸水即可。红茶在饮用时一般要加糖。

红茶内放入柠檬片，即为柠檬茶；加上牛奶，即为奶茶。

（3）可可。可可也是一种热带植物，其种子经焙炒后粉碎，再脱去部分脂肪，即是可可粉。

可可饮料是用可可粉加糖、加水煮成可可汁，再兑入牛奶制成的。可可粉、糖、水的比例为 1 : 5 : 5。其做法是：将可可粉、糖与水搅拌均匀，在微火上熬至黏稠，即是可可汁；再在可可汁内兑入 5 倍的热牛奶即是热可可饮料，兑入冷牛奶即是冷可可饮料。

早餐时饮用的饮料还有各种果汁，如橘子汁、番茄汁、菠萝汁、苹果汁、葡萄汁等。

第二节　快　餐

一、快餐一般知识

1. 快餐的概念

快餐是指能在短时间内提供给食客的各种方便菜点。在饭店中一般很少有快餐厅，各种快餐食品大都在咖啡厅内供应。

2. 快餐的特点

快餐最大的特点就是制作快捷，出菜快。其次是快餐食用方便。一般快餐既可以在餐厅内食用，也可以带出店外食用，为人们快节奏的生活提供了方便。

3. 常见的快餐品种

适宜作为快餐食品的菜点品种很多，一些制作简便或是可以提前制作的菜点都可以作为快餐食品。常见的快餐品种主要有三明治、汉堡包、热狗等。

二、制作实例

1. 三明治

三明治源于英格兰东部的三明治镇，此镇原有一位伯爵名叫三明治，他很爱玩桥牌，玩起牌来废寝忘食，家厨为了迎合主人，自制了一些面包夹肉、蛋的食品，供伯爵边玩牌边进餐。于是这种食品便在各地流行，并以"三明治"命名，以后逐渐发展成为一种典型的快餐食品。

例 1　火腿三明治

用料：面包 60 g，火腿 50 g，黄油 10 g。

制作过程：

（1）将面包、火腿切成片。

（2）将黄油抹在面包片上，再用两片面包夹一片火腿。

（3）用刀切去面包的边皮，再对角切成两块即可。

用同样的方法还可以制作奶酪三明治、鸡肉三明治、烤牛肉三明治等。

例 2　总会三明治

用料：面包 75 g，黄油 15 g，熟火腿 10 g，鸡蛋 1 个，熟鸡肉 20 g，番茄 20 g，生菜叶适量。

制作过程：

（1）面包切片后，将一面烤黄，再抹上黄油。

（2）火腿切片，拖上蛋液，用油煎熟。

（3）将鸡肉、番茄切片，生菜叶用刀拍平。

（4）在一片面包上放生菜叶、番茄片、鸡肉，然后压上第二片面包。

（5）再把火腿码在第二片面包上，盖上第三片面包，用手稍压，切去面包四周边皮，用刀对角切成两块，并在每块上插一根牙签即可。

例 3　檀香山三明治

用料：面包 75 g，黄油 10 g，熟金枪鱼肉 75 g，千岛少司、生菜叶适量。

制作过程：

（1）将面包切成片，两面烤黄，抹上黄油。

（2）将熟金枪鱼肉与生菜叶、千岛少司分别夹在三片面包中间。

（3）切去面包四周边皮，对角切成两块，插上牙签即可。

以上是英式三明治和美式三明治的制法，此外，还有法式长面包三明治、比利时

三明治卷等。

2. 汉堡包

汉堡是一种用肉馅制作的肉饼，最早源于德国的汉堡，传入美国后，有人把肉饼夹在小圆面包中食用，这就是汉堡包，以后又逐渐发展成为汉堡加配菜的多种制法。除了在面包中夹肉饼外，还可以加黄油、芥末酱、番茄片、奶酪片等。

例　奶酪汉堡包

用料：牛肉馅 650 g，白面包 75 g，小圆面包 4 个，奶酪 4 片，洋葱 100 g，牛奶 25 mL，盐、胡椒粉适量。

制作过程：

（1）将洋葱切末，用黄油炒软。白面包用清水泡软后，挤干水分，放入牛肉馅内。

（2）在牛肉馅内加入胡椒粉、盐、牛奶，搅拌均匀，制成肉饼。

（3）用小火将肉饼煎熟。

（4）将小圆面包从中间片开，夹上肉饼、奶酪片放入烤炉烤透即可。

3. 热狗

热狗最早源于美国，是用小长面包夹上肉肠制成的一种方便食品。因其是在白色面包内夹上一根红色肉肠，很像夏天吐舌散热的哈巴狗，故名"热狗"。

用料：小长面包 1 个，小泥肠 1 根，芥末酱、番茄酱适量。

制作过程：

（1）将小长面包从中间片开，但不要片断。抹上芥末酱、番茄酱。

（2）夹上小泥肠即可。

热狗除了面包内夹泥肠外，还可以加上生菜、番茄片、奶酪等。

第十一章

初级专业英语

第一节　厨房简单用语

您好！

How do you do!

早晨好。

Good morning.

下午好。

Good afternoon.

晚安。

Good night.

您身体好吗？

How are you?

您工作忙吗？

Are you busy?

再见。

Good bye.

一会儿见。

See you later.

明天见。

See you tomorrow.

一路平安。

Have a good trip.

请休息一下。

Please have a rest.

您能帮忙吗？

Can you give me a hand?

我能为您做些什么？

What can I do for you?

我可以走了吗？

May I go now?

非常感谢。

Thank you very much.

真对不起。

I'm terribly sorry.

谢谢您的提醒。

Thanks for your reminding.

我立即改正。

I'll correct it right now.

对不起，这是我的错。

Sorry, it's my fault.

师傅，早上好。请问我今天干什么？

Good morning, master. What's my job for today?

请问今天的菜单都有什么菜？

What's on the menu today?

现在开始准备什么？

What are we going to prepare?

今天早餐做什么？

What are we going to cook for breakfast?

午餐准备什么菜肴？

What dishes do we prepare for lunch?

晚餐准备什么原料?

What ingredients do we prepare for dinner?

烹制这道菜需要多长时间?

How long does it take to cook this course?

烹制大约 10 min。

Cook for about 10 minutes.

将黄油放入煎盘熔化。

Melt butter in frying pan.

这道菜口味如何?

How about the flavour of this course?

这道菜太咸了。

It tastes too salty.

这道菜加酒吗?

Any cooking wine for this course?

不加酒。

No cooking wine.

这道菜是用什么烹调方法制作的?

What method do you use to cook this course?

您能教我这个汤的制法吗?

Could you tell me the way to cook the soup?

请把那条鱼取来。

Get that fish, please.

请把这盘菜送过去。

Serve the dish, please.

请您尝尝这道菜好吗?

Would you like to try it?

这道菜的汤汁够吗?

Is the sauce enough for the dish?

谢谢您的帮助。

Thanks for you help.

汤太稠了，应该再稀一些。

This soup is thick. It should be a bit thinner.

汁太多了，应少一些。

The sauce is too much. Less sauce, please.

这是宴会菜单。

This is the menu for the banquet.

请把这盘菜加热一下。

Heat it up, please.

请把这盘菜装饰一下。

Garnish it please.

请制作一份三明治。

Please fix a sandwich.

请把水煮开。

Boil the water, please.

请做一份蔬菜沙拉。

Please mix a vegetable salad.

对不起，牛肉用完了。

Sorry, the beef is used up.

现在可以搞卫生了。

It's time to do some cleaning.

第二节　西餐常用词汇

一、厨房用具

stove	炉灶	food processor	食品加工机
oven	烤炉	mixer	搅拌机
microwave oven	微波炉	kneader	揉面机、和面机
salamander	明火焗炉	toaster	面包片烤炉
griller	铁扒炉	steamer	蒸炉
deep-fryer	炸炉	mincing machine	绞肉机

fry pan	煎盘	food tong	食品夹
saute pan	炒盘	French knife	法式分刀
sauce pan	平底盘	chef's knife	厨刀
stock pot	汤桶	boning knife	剔骨刀
double boiler	蒸锅	beef slicer	烤肉刀
strainer	笊篱	oyster knife	牡蛎刀
cap strainer	帽形滤器	clam knife	蛤蜊刀
colander	蔬菜滤水器	fruit knife	水果刀
roast pan	烤盘	mincing knife	剁肉刀
baking pan	烘盘	chopping knife	砍刀
grater	研磨器	fork	肉叉
pepper mill	胡椒研磨器	cake knife	蛋糕刀
whip	蛋抽	meat pounder	拍刀
egg shovel	蛋铲	chopping board	砧板
ladle	汤勺		

二、烹调原料

meat	肉类	topside	和尚头、里仔盖
poultry	禽类	silver side	仔盖、银边
beef	牛肉	thick flank	腰窝、厚腹
veal	小牛肉	shank	腱子肉
pork	猪肉	fillet	里脊肉
lamb	小羊肉	sirloin	牛上腰肉
mutton	羊肉	short plate	短肋
chicken	鸡肉	thin flank	牛腩
duck	鸭子	brisket	胸口肉
goose	鹅	chuck rib	上脑
turkey	火鸡	rib	肋条
quail	鹌鹑	shoulder	前肩肉
pigeon	鸽子	leg	后腿肉
fish	鱼	saddle	羊马鞍
rabbit meat	兔肉	round	后臀肉

bacon	培根	apple	苹果
ham	火腿	pear	梨
sausage	香肠	cherry	樱桃
egg	鸡蛋	plum	李子
cabbage	洋白菜	strawberry	草莓
cauliflower	菜花	grape	葡萄
broccoli	西蓝花	walnut	胡桃
spinage	菠菜	almond	杏仁
lettuce	生菜	orange	柑橘
celery	芹菜	sweet orange	甜橙
onion	洋葱	lemon	柠檬
shallot	大葱	pineapple	菠萝
chive	韭菜	mango	杧果
garlic	大蒜	fig	无花果
carrot	胡萝卜	olive	橄榄
tomato	西红柿	watermelon	西瓜
eggplant	茄子	coconut	椰子
bell pepper	柿子椒	peach	桃
beet root	红菜头	salt	盐
asparagus	芦笋	pepper	胡椒粉
potato	土豆	oil	植物油
parsley	西芹	salad oil	色拉油
cucumber	黄瓜	olive oil	橄榄油
kidney bean	四季豆	cream	奶油
sword bean	刀豆	butter	黄油
pea	豌豆	margarine	人造黄油
ginger	姜	fat	脂肪
turnip	芜菁(萝卜)	lard	猪油
radish	小萝卜	cheese	奶酪
mushroom	蘑菇	sauce	调味汁
black mushroom	香菇	chilli sauce	辣椒汁
endive	菊苣	jam	果酱

tomato paste	番茄酱	rose mary	迷迭香
vinegar	醋	dill	莳萝
sugar	糖	thyme	百里香
honey	蜂蜜	mint	薄荷
vanilla	香草	paprika	红椒粉
clove	丁香	curry powder	咖喱粉
cinnamon	桂皮		

三、烹调术语

fry	煎	discard	弃掉
deep fry	炸	remove	拿走
saute	炒	pour	倒、灌
boil	煮	cool	冷却
braise	焖	blend	搅匀
stew	烩	season	调味
bake	烘烤	melt	熔化
roast	烤	bone	剔骨
steam	蒸	dice	切丁
grill	铁扒	chop	切块
poach	慢煮	peel	去皮
stir	搅拌	mash	捣碎
skim	撇去	mince	切碎
cut	切	garnish	装饰
flatten	敲打平展	mix	使混合
set	凝固	sift	筛
low heat	小火	hot	热
high heat	大火	cold	冷
moderate heat	中火	sweet	甜
medium heat	中温	salty	咸
smoke	烟熏	sour	酸
thicken	变稠	crisp	脆

oily	油腻的	cooked	熟的
thick	浓	flavour	风味
raw	生的	light	清淡的
fresh	新鲜的	tough	老的

第二部分

西式烹调师中级

第十二章

原料知识

第一节　肉　制　品

西方国家食品工业比较发达，肉制品在西餐烹调中使用也很广泛，其中德国和意大利生产的肉制品比较著名。这些肉制品大体可分为腌肉制品和香肠制品两大类。

一、腌肉制品

1. 火腿

火腿是一种在世界范围内很受欢迎的肉制品。西式火腿可分为以下两种类型。

（1）无骨火腿。一般选用猪后腿肉，也可用净瘦肉为原料。制作过程是先把肉用盐水和香料浸泡腌渍入味，然后加水煮制，有的要经过烟熏处理后再煮制。这种火腿有圆形的和方形的，使用比较广泛。

（2）用整只带骨的猪后腿肉制作的火腿。这种火腿加工方法比较复杂，加工时间长。一般制作过程是用盐、胡椒粉等干擦整只猪后腿肉表面，然后再浸入加有香料的盐水卤中腌渍数日，取出风干、烟熏，再悬挂一段时间，使其自熟，形成良好的风味。

世界上著名的火腿品种有法国烟熏火腿、苏格兰整只火腿、德国陈制火腿、意大利火腿等。火腿在烹调中既可作主料又可作辅料，还可制作冷盘。

2. 培根

培根又称咸肉，是烹调中使用广泛的肉制品。培根有五花培根和外脊培根两种，以五花培根较为常见。培根的一般加工程序是把肉分割成块，用盐、黑胡椒、丁香、香叶、茴香等腌渍，再经风干、熏制而成。培根常用于早餐和多种菜肴的配菜。

3. 咸肥膘

咸肥膘是用干腌法腌制而成，方法是在选好剔净的肥膘上均匀地划上刀口，再反复搓上食盐，腌制而成。咸肥膘可以直接煎食，也可以切成薄片，用牙签插在缺少脂肪的动物性原料上，如各种野味或瘦肉等，再经烤或焖，以增加菜肴的香味。

二、香肠制品

香肠的种类很多，仅欧美国家就有上千种，其中生产香肠较多的国家有德国和意大利。制作香肠的原料主要有猪肉、牛肉、羊肉、鸡肉和兔肉等，其中以猪肉、牛肉最普遍。一般生产过程是把肉绞碎，加上各种不同的调味料，然后灌入肠衣，再经过腌渍或烟熏、风干等加工方法制成。世界上比较著名的香肠品种有法兰克福肠、色拉米肠、意大利肠、维也纳牛肉香肠、法国香草色拉米香肠等。香肠在西餐烹调中可用来做沙拉、三明治、开胃小吃、煮制菜肴，也可作热菜的辅料。

1. 法兰克福肠

法兰克福肠主要产于德国的法兰克福市，在我国习惯称为小泥肠。法兰克福肠是用细腻的猪肉馅，加上各种香料，灌在用鸡肠制成的肠衣内，一般长 12~13 cm，直径 2~2.5 cm，是香肠中较小的一种，烹调中常用煎、煮、烩等方法制作菜肴。

2. 意大利肠

意大利肠的肉馅也很细腻，加上各种香料，并掺有鲜豌豆粒，一般长 50 cm 左右，直径 13 cm 左右，是香肠中较大的一种。其切面美观，常用于冷菜制作。

3. 色拉米肠

色拉米肠又称干肠，这种肠是在瘦肉馅中加入少量肥肉丁，然后灌入猪肠制成的肠衣内，经油脂浸泡、风干等工序制成。其味道浓郁、质地硬韧、风味独特，在冷盘中使用较多。

第二节 水 产 品

水产品包括鱼、虾、蟹、贝类等，营养丰富，味道鲜美，易于消化，是人类所需动物性蛋白质的重要来源。水产品包括的范围较广，可食用的水产品也很多，大致可分为淡水鱼类、海洋鱼类、贝壳类等。现将西餐中常见的水产品做简单介绍。

一、淡水鱼类

1. 鳜鱼

鳜鱼又称花鲫鱼，是一种名贵的淡水鱼。鳜鱼体侧扁，口大，牙尖利，鳞片细小，体表呈青灰色，腹部灰白，有黑色斑点，背鳍前部有 13~15 条硬刺，内有毒素，后半部有软条。

鳜鱼是肉食性鱼，其肉质细嫩，无小刺，味美，便于加工食用。

2. 鲑鱼

鲑鱼按其英文译音称为"三文鱼"，我国产的大马哈鱼是其中的一种。它是世界著名的冷水性经济鱼类，主要分布在太平洋北部及欧洲、亚洲、美洲的北部地区。它在产卵期进入江河，易于捕到。

鲑鱼体侧扁，背部隆起，牙尖锐，鳞片细小，银灰色，产卵期有橙色条纹。鲑鱼肉质紧密，色粉红，有弹性，无小刺，味鲜美，是西餐制作中常使用的鱼类之一。

3. 鲟鱼

鲟鱼体长一般在 1 m 左右，重约 5 kg，身上有 5 行纵列骨板，上面有锐利的棘，背部灰褐色，腹部白色。鲟鱼无小刺，肉质鲜美，常用于熏制，其卵可制成名贵的黑鱼子酱。

4. 鳟鱼

鳟鱼属鲑科，原产于美国加利福尼亚州的溪流中。其品种很多，常见的为虹鳟、金鳟、湖鳟、硬头鳟等。鳟鱼能生活在水温较高（25 ℃左右）的江河、湖泊中，世界上的温带国家都有出产。虹鳟鱼体侧扁，底色淡蓝，有黑斑，体侧有一条橘红色的彩带，其肉质发红，无小刺，味美，营养价值高。

5. 银鱼

银鱼又称"白饭鱼"，是一种生长于欧洲、亚洲、美洲地区江河湖泊中的小鱼。其体细长，无鳞，白色，无骨刺，长 5 cm 左右。银鱼肉质细嫩，味美。

二、海洋鱼类

1. 比目鱼

比目鱼是重要的经济海产鱼类之一，分布在海洋的底层。比目鱼体侧扁，头小，呈灰白色，鳞片小，有不规则的斑点或斑纹，两眼长在同一侧。比目鱼的品种较多，常见的有鲆、鲽、鳎三种。鲆两眼在左侧，肉鲜嫩、味美，质量最好，但水分多，易变质。鲽两眼在右侧，质量较好。鳎又称舌鳎，肉质紧密、细嫩，色白，味鲜美，外皮极易剥下，全身仅有 1 根脊骨大刺。

2. 鳕鱼

鳕鱼是西餐中使用较广泛的鱼类之一，主产于大西洋北部的冷水区域。鳕鱼体长，身长可达 50 cm 左右，稍侧扁、头大、尾小、灰褐色，有不规则的褐色斑点或斑纹，口大、下颌较短，前端有一弯钩朝后的触须，两侧各有一条光亮的白带贯穿前后。常见的鳕鱼品种有黑线鳕、无须鳕、银须鳕等。

3. 鲈鱼

鲈鱼有河鲈鱼和海鲈鱼两种，西餐中一般用海鲈鱼。鲈鱼体侧扁，成鱼长 30~60 cm，口大，下颌凸出，栖息于近海，有时也进入淡水，早春在咸水、淡水交界的河口处产卵，性凶猛，以小鱼虾等为食。鲈鱼在全世界温带沿海地区均有出产，生长快，个体大，肉质鲜美，适于炸、煎、煮等烹调方法。

4. 鳀鱼

鳀鱼又称"黑背鳀"，是重要的小型经济鱼类之一，分布于世界各大海洋中，在我国东海、黄海有丰富的鳀鱼资源。鳀鱼体侧扁，银灰色，肉质细腻，味道鲜美。在西餐厨房中常见的多为罐头制品，俗称"银鱼柳"，它是西餐的上等原料，一般用作配料或少司调料。

5. 金枪鱼

金枪鱼俗称"青干"，译音为吞拿鱼，是海洋暖水中上层结群洄游性鱼类。金枪鱼体呈纺锤形，背部青褐色，有淡色斑纹，头大而尖，尾小，有两个背鳍，几乎相连，背鳍和臀鳍后方都有 8~10 个小鳍，一般长 50 cm，有的可达 100 cm。金枪鱼肉质结实，呈暗红色，味美，是名贵的烹调原料。

6. 石斑鱼

石斑鱼主要分布于热带及亚热带海洋，是暖水性海水鱼类。其体长、侧扁，与鲈鱼相似，但比鲈鱼体宽，色彩变异较多，常见为褐色和红色，有条纹和斑点，口大，牙细尖。常见的石斑鱼有红点石斑鱼、青石斑鱼、网纹石斑鱼等，其肉质鲜美，质地稍粗。

7. 沙丁鱼

沙丁鱼广泛分布于南北纬度 6°~20° 的等温带海洋区域中，是世界上重要的经济鱼类之一。沙丁鱼鱼体侧扁，有银白色和金黄色等不同品种。沙丁鱼富含脂肪，味道鲜美，其主要用途是制罐头。

8. 鱼子和鱼子酱

鱼子是由新鲜鱼子腌制而成，浆汁较少，呈颗粒状。鱼子酱是在鱼子的基础上加工而成，浆汁较多，呈半流质胶状。

鱼子制品有黑鱼子和红鱼子两种。红鱼子用鲑鱼卵制成；黑鱼子用鲟鱼卵制成，比红鱼子更为名贵。

鱼子和鱼子酱味咸鲜，有特殊鲜腥味，一般用作开胃小吃或冷菜的装饰品。

三、贝壳类

1. 大虾

大虾又称明虾、对虾，主产于渤海、黄海等海域，4 月至 5 月及 9 月至 10 月为捕捞旺季。它体长侧扁，整个身体分头胸部、腹部和尾部三部分，头胸部有坚硬的头胸甲；腹部披有甲壳，有 5 对腹足；尾部有扇状尾肢。大虾肉质脆嫩，鲜美。

2. 龙虾

龙虾生长在温带、热带海洋中，是最大的虾类，虾体粗壮，呈圆锥形，略扁平，头胸甲坚硬多刺，触角发达，无鳞片，有 5 对步足，无钳，呈爪状。大西洋沿岸所产的龙虾个体较大。龙虾形美肉鲜，既可做冷菜，也可做热菜，是高档的烹调原料。

3. 扇贝

扇贝又称"带子"，因壳形似扇故名扇贝。扇贝有两个壳，并能利用壳的关闭在水中自由跳动，壳内的肌肉为可食部位。扇贝有鲜品和干制品，味道鲜美，肉质细腻、洁白。

4. 牡蛎

牡蛎又称"蚝"，分布在温带、热带海洋中，壳大而厚重，壳形不规则，下壳大

且较凹，附着他物，上壳小而平滑，掩覆而盖，壳面有灰青、紫棕等颜色。牡蛎肉味鲜美，既可生食，也可熟食，还可干制或做罐头。

5. 贻贝

贻贝也称青贝、青口贝，其个体较小，呈椭圆形，前端呈圆锥形，青黑色相间，有圆心纹。贻贝大多为鲜活原料，可带壳用，也可去壳用。

第三节 乳品和蛋品

一、乳品

1. 牛奶

牛奶可分为初乳、常乳和末乳。初乳是指奶牛从产奶开始一周内所产的奶，此种奶颜色发黄，黏度较大，有特殊气味，一般用来喂养牛犊，不作烹调原料。常乳是指奶牛产奶第 7 天到第 305 天这一时期内所产的奶，其化学成分趋于稳定，是烹调和加工乳制品的主要原料。末乳是指奶牛产奶第 306 天到第 365 天所产的奶，此种奶味苦、微咸，并带有油脂氧化味，正常情况下，此时就应停止挤奶，市场不供应此种奶。

（1）质量鉴别。优质的牛奶应为乳白色，略带浅黄色，无凝块、无杂质、有乳香，味道平和自然，略带甜味，无酸味。

（2）保存。保存牛奶一般采用冷藏法，短期储藏可放在温度为 0 ℃的冰箱中，长期保存应放在 –18~–10 ℃的冷库中。由于牛奶结冰后会膨胀，所以存放牛奶时不应装得过满，以免胀开桶盖，造成污染。

2. 奶油

奶油是从牛奶中分离出的脂肪和其他成分的混合物。其最早的制作方法是静置法，现多采用离心法。奶油是制作黄油的中间产物，含脂率较低，一般为 15% ~25%。除脂肪外，奶油中还有水分、蛋白质等成分。

（1）形态特点。乳白色，略带浅黄，呈半流质状态，在低温下较稠，经加热可变为流动的液体。若经乳酸菌发酵即成酸奶油，它比鲜奶油要稠，呈乳黄色，其味也更浓郁。

（2）质量鉴别。优质奶油气味芳香纯正，口味稍甜，组织细腻，无杂物，无结块；

劣质奶油有异味,如饲料或金属味,并有奶团杂物。

(3)保存。保存奶油一般采用冷藏法,温度在4~6 ℃。为防止污染,保存时应放在干净的容器内,并加上盖。由于奶油营养丰富,水分充足,很容易变质,所以要注意及时冷藏,其制品在常温下超过24 h就不能再食用。

3. 黄油

黄油是从奶油中进一步分离出来的脂肪。

(1)形态特点。在常温下为浅黄色固体,加热熔化后有明显的乳香味。

(2)质量鉴别。优质黄油气味芬芳,组织紧密、均匀,切面无水分渗出;劣质黄油不香或有异味,质软或松脆,切面有水珠。

(3)保存。黄油含脂率较高,较奶油容易保存,短期存放可放在温度为5 ℃的冰箱中,长期保存应放在温度为−10 ℃的冰箱中。因其易氧化,所以存放时应避免阳光直射,且应该密封保存。

4. 奶酪

根据英文译音,奶酪又称为计司、吉士、芝士、起士等。目前世界上的奶酪有几千种,以法国、瑞士、意大利、荷兰等国的奶酪较有名,其中法国生产的奶酪品种最多。制作奶酪的原料有牛奶、绵羊奶、山羊奶及混合奶。按照不同加工方法制成的奶酪有硬奶酪、软奶酪、半软奶酪、多孔奶酪、大孔奶酪及带有不同香味的奶酪。

(1)一般制作方法。鲜奶经杀菌后在凝乳酶的作用下奶中的酪蛋白凝固,再将凝块压成一定的形状,在微生物与酶的作用下,经较长时间的生化变化而成。

(2)质量鉴别。优质的奶酪表皮均匀,呈白色或淡黄色,细腻无损伤,切面质地均匀致密,无裂缝和脆硬现象,切片整齐不碎,具有特有的醇香味。

(3)保存方法。奶酪应存放在5 ℃左右、相对湿度为88% ~90%的冰箱中,存放时要用保鲜纸包好。

奶酪在烹调中使用非常广泛,常用于制作各种焗类菜肴、冷菜、少司等,也可切片直接食用。

二、蛋品

1. 蛋的结构

可供食用的蛋品很多,外观有很大区别,但其结构是相同的,都是由蛋壳、蛋白、蛋黄3个主要部分组成。

（1）蛋壳的结构。蛋壳约占全蛋重量的 11%，由外蛋壳膜、石灰质蛋壳、内蛋壳膜、蛋白膜组成。外蛋壳膜覆在蛋壳的表面，是一种透明的水溶性黏蛋白，有防止微生物侵入蛋内和蛋内水分蒸发的作用。外蛋壳膜经摩擦或遇水可脱落，失去保护作用。

石灰质蛋壳主要由碳酸钙构成，不同的蛋品颜色不同，一般颜色越深蛋壳越厚。蛋壳上分布有气孔，其中大头部分分布较多。这些气孔可为禽类孵化提供呼吸通道，同时微生物也易经气孔侵入，造成蛋类变质。

蛋壳内部有两层膜，紧附于蛋壳的一层叫内蛋壳膜，附着于内蛋壳里面、蛋白外面的一层叫蛋白膜。这两层膜均为具有弹性的白色网状膜，有防止微生物侵入蛋内的作用。

（2）蛋白的结构。蛋白是一种典型的胶体物质。靠近蛋壳的部分较稀，叫稀蛋白；靠近蛋黄的部分较稠，叫稠蛋白。新鲜的蛋类稠蛋白多，随着新鲜度的降低，稠蛋白也逐渐变稀。

（3）蛋黄的结构。蛋黄由系带、蛋黄膜、蛋黄内容物及胚胎构成。系带是一种浓稠的蛋白，状如粗棉线，粘连在蛋黄的两端，起固定蛋黄位置的作用，具有弹性。随着蛋的新鲜度下降，系带的弹性会减弱，失去固定作用，而使蛋黄靠向蛋壳。

蛋黄外面覆有一层蛋黄膜。蛋黄膜具有弹性，可防止蛋黄与蛋白混合。随着蛋的新鲜度下降，蛋黄膜的弹性消失，最后形成散黄蛋。

蛋黄内容物是一种黄色不透明的乳状液。由于昼夜代谢率的不同和饲料中核黄素的不同，蛋黄有深浅两种不同的颜色。这两种不同颜色的蛋黄相间形成轮状，由外向内分层排列，一般分为 6 层。蛋黄内容物营养丰富，是雏禽孵化的营养来源。

胚胎位于蛋黄膜表面，是近似圆形的小白点，如是受精的胚胎，在适宜的温度下会迅速发育，可使蛋的储藏期缩短。

2. 蛋的品种

在西餐烹调中使用较多的是鸡蛋，其次有鹌鹑蛋、鸽蛋、鸭蛋和鹅蛋。

（1）鸡蛋。鸡蛋呈椭圆形，新鲜的鸡蛋有一层白霜，一般为白色或棕红色，每个约重 50 g。鸡蛋是蛋类中营养较高的一种，含有丰富的蛋白质、脂肪，维生素含量也较其他蛋类高。

（2）鹌鹑蛋。鹌鹑蛋外形近似圆形，蛋壳薄，易碎，表面有棕褐色斑点。鹌鹑蛋个体小，每个重 3~4 g。鹌鹑蛋的蛋白质和维生素 A 含量较其他蛋类高。

（3）鸽蛋。鸽蛋呈椭圆形，白色，蛋壳薄，每个重 15 g 左右。鸽蛋外形美观，可作装饰用。

第四节　谷　物

谷物的品种很多，在西餐中普遍使用的有大米和麦两大类。

一、大米

1. 大米的构造

大米是由稻谷脱壳碾制而成的，由表皮、糊粉层、胚乳、胚四部分组成。

（1）表皮。表皮是大米的最外层，主要由纤维素、半纤维素和果胶构成。碾米时一般要去除，也可以保留少量皮层，以提高大米的纤维素含量。

（2）糊粉层。糊粉层位于表皮下面，是胚乳的外层组织。糊粉层虽然不厚，但集中了大米的许多重要的营养成分。

（3）胚乳。胚乳是大米的主要成分，占稻谷重量的91%左右，主要成分是淀粉。

（4）胚。胚位于大米的腹面下部，含有较多的蛋白质、矿物质、维生素等。胚部的生命活性较强，大米的霉变往往从胚部开始。

2. 大米的品种

大米的品种很多，常见的有粳米、籼米、糯米。

（1）粳米。粳米粒形短圆，长与宽之比约为1.4∶1，横断面接近圆形，色白，透明或半透明，米质紧密，硬度大，不易碎。口感柔润细腻，味道好，但吃水少，出饭率低。

（2）籼米。籼米粒形较粳米长，横断面呈扁圆形，色灰白，半透明或不透明，米质疏松，硬度小，易碎。籼米口感干而粗糙，吃水多，出饭率高。

（3）糯米。糯米又称江米，黏性大，硬度低，色乳白，不透明，但成熟后有透明感，吃水少，出饭率低。其中米粒宽厚呈圆形者黏性大，细长者黏性小。

二、麦类

麦为禾本科，一年生或二年生草本植物。常见的麦类有小麦、大麦、燕麦等。

1. 麦的构造

麦没有坚硬的外壳，麦粒多为卵圆形或椭圆形，内部构造与大米相同，也由皮层、糊粉层、胚乳、胚组成。麦的表皮主要由纤维素组成，没有食用价值。糊粉层中除含有较多的蛋白质外，还含有纤维素、维生素和脂肪，营养价值较高。胚乳是麦的主要成分，占麦的干重量的80%左右，主要成分是淀粉。胚位于麦粒背面基部，含有较多的蛋白质、脂类、矿物质和维生素，也含有一些酶类，易发生霉变。

2. 麦的品种

（1）小麦。小麦是世界上分布最广的粮食作物之一。小麦主要用于磨制面粉，由于加工的精度不同而分为不同的品种，常见的有特制粉和标准粉。

特制粉加工精，色白，含麸少，面筋质不低于26%，水分不超过14.5%。标准粉含麸多，色白稍带黄，面筋质不低于24%，水分不超过14%。

（2）大麦。大麦植株与小麦相似，麦秆较软，按麦穗的发育特性可分为多棱大麦、二棱大麦等品种。大麦的麦粒比小麦大，蛋白质和脂肪含量比小麦少，一般整粒使用，常用于做汤。

（3）燕麦。燕麦有裸燕麦和皮燕麦两种，含有较多的蛋白质，常制成麦片，或磨碎制成粗、中、细3种碎麦片。麦片常做成麦片粥，供早餐食用。

第五节　原料的品质鉴定

一、原料品质鉴定方法的分类

烹调原料的鉴定方法大体可分为感官鉴定和理化鉴定两类。感官鉴定就是用眼、耳、鼻、舌、手等了解原料的外部形态特征和气味等，从而确定原料的品质优劣；理化鉴定是利用仪器或化学药剂进行鉴定，以确定原料的品质好坏。

理化鉴定比较科学准确，但需要一定的试验场所和设备，厨房工作人员使用起来不方便。感官鉴定比较简便易行，但需要厨房工作人员有一定的经验。

二、肉类原料的品质鉴定

肉类原料的品质是由其新鲜度来确定的，根据新鲜度可分为新鲜肉、不新鲜肉、腐败肉3种，主要从外观、硬度、气味、脂肪状况等方面来确定肉的新鲜度。

1. 外观

新鲜肉的表面有一层微干的表皮，有光泽，肉的断面呈淡红色，稍湿润，但不黏，肉汁透明。不新鲜肉表面有一层风干的暗灰色表皮，肉断面潮湿，肉汁混浊，有黏液，肉色暗，有时还有发霉现象。腐败肉表面灰暗，并带绿色，很黏，有发霉现象。

2. 硬度

新鲜肉的刀断面肉质紧密，富有弹性，手按后能立即复原。不新鲜肉弹性小，手按后不能立即复原。腐败肉无弹性，手按后不能复原，腐败严重时能用手指将肉戳穿。

3. 气味

新鲜肉具有每种畜肉的特有气味，刚宰杀后不久时具有内脏气味，冷却后稍带腥味。不新鲜肉有酸味或霉臭味。腐败肉有浓厚的腐败臭味。

4. 脂肪状况

新鲜肉的脂肪分布均匀，保持原有的色泽。不新鲜肉的脂肪呈灰色，无光泽，并有些粘手，有轻微的酸败味。腐败肉的脂肪呈淡绿色，质地软，有强烈的酸败味。

三、禽类原料的品质鉴定

禽类原料主要是从其嘴部、眼部、皮肤、肌肉、脂肪等方面鉴定其新鲜程度。

1. 嘴部

新鲜的家禽嘴部有光泽，干燥，无异味。不新鲜的家禽嘴部无光泽，稍有腐败味。腐败的家禽嘴部软化，口角有黏液，有腐败味。

2. 眼部

新鲜的家禽眼球充满眼窝，角膜有光泽。不新鲜的家禽眼珠部分下陷，角膜无光。腐败的家禽眼球下陷，有黏液，角膜暗淡。

3. 皮肤

新鲜的家禽皮肤呈淡黄色或淡白色，表面干燥。不新鲜的家禽皮肤呈淡灰色，表面发潮，有轻度腐败味。腐败的家禽皮肤灰黄，有绿斑，表面潮湿，有腐败味。

4. 肌肉

新鲜的家禽肌肉结实有弹性，稍湿不黏。不新鲜的家禽肌肉弹性变小，用手按后有指痕，有酸臭味。腐败的家禽肌肉无弹性，有浓重的腐败味。

5. 脂肪

新鲜的家禽脂肪呈白色或淡黄色，有光泽，无异味。不新鲜的家禽脂肪无光泽，稍带异味。腐败家禽的脂肪呈淡灰色或淡绿色，有明显酸臭味。

四、鱼类原料的品质鉴定

鱼类主要从鱼鳞、鱼鳃、鱼眼及整鱼体表的状态等方面来鉴定其新鲜程度。

1. 鱼鳃

新鲜的鱼鱼鳃色鲜红或呈粉红色，鳃盖紧闭，黏液少，无异味。不新鲜的鱼鱼鳃呈灰白色。腐败的鱼鱼鳃灰白且有黏液污物。

2. 鱼眼

新鲜的鱼鱼眼稍外凸，澄清透明。不新鲜的鱼鱼眼稍塌陷，色灰暗，有时由于内部溢血而发红。腐败的鱼鱼眼球破裂。

3. 鱼体状态

新鲜的鱼表皮上黏液少，清洁，鱼鳞完整有光泽，肌肉有弹性。不新鲜的鱼体表黏液增多，鱼鳞松弛，肌肉无弹性。腐败的鱼体表黏液多，鱼鳞脱落，肌肉松软，腹部膨胀，有腐臭味。

五、虾类原料的品质鉴定

虾的质量是根据其外形、色泽、肉质等方面确定的。

1. 外形

新鲜的虾头尾完整，有一定的弯曲度，虾身较挺实。不新鲜的虾头尾易脱落，不能保持其原有的弯曲度。

2. 色泽

新鲜的虾皮壳发亮，呈青绿色或青白色。不新鲜的虾皮壳发暗，呈红色或灰紫色。

3. 肉质

新鲜的虾肉质坚实，有弹性。不新鲜的虾肉质松软，无弹性。

六、蔬菜类原料的品质鉴定

蔬菜类原料的品质主要从含水量、形态、色泽等方面鉴定。

1. 含水量

新鲜的蔬菜水分充足，表面润泽光亮，刀断面有水分渗出。不新鲜的蔬菜外形干瘪，失去水分，无光泽。

2. 形态

质好的蔬菜外形整齐，无外伤、虫咬。质次的蔬菜外形不整齐，或有外伤、虫咬。

3. 色泽

新鲜的蔬菜保持其应有的颜色，而且鲜艳，有光泽。不新鲜的蔬菜大都会改变其原有的颜色，且光泽暗淡。

七、蛋类原料的品质鉴定

新鲜的蛋，外蛋壳膜完好，蛋壳比较毛糙，壳上附有一层雾状的粉末，色泽鲜亮，清洁，无污物，没有裂纹，摇晃无声音。

鲜蛋在储存、保管过程中，由于受到温度、湿度和其他外部条件的影响，会发生不同程度的变质。常见的鲜蛋变质有以下几种类型。

1. 陈蛋

此种蛋保存时间较长，外蛋壳膜已破坏，色泽发暗，光照透视时可见气室稍大，蛋黄暗影小，摇晃时无声音。这种蛋尚未变质，可以食用。

2. 裂纹蛋

裂纹蛋是在储存、运输过程中受到振动或挤碰造成的。裂开时间不长的蛋可以食用。

3. 出汗蛋

出汗蛋蛋壳上出现水珠，水珠干后有水迹，蛋壳无光泽，透视时可见气室较大，蛋黄明显。原因主要是空气中湿度大，存放处不通风。这种现象在春、夏之间及天气突变时多见，如处理不及时，很快就会变成全霉蛋。

4. 贴皮蛋

贴皮蛋由于存放时间过长，蛋白稀释，蛋黄膜弹性变弱，系带失去拉力，致使蛋黄贴在蛋壳上。如贴皮处呈红色，一般还可食用；如贴皮处呈黑色，则不宜食用。

5. 热伤蛋

热伤蛋的形成是因没有受精的蛋受热后胚胎膨胀，胚胎周围出现小黑点或黑丝。这种蛋气室较大，蛋黄不在中心，但与细菌侵入引起的变质不同，一般仍可食用。

6. 霉蛋

霉蛋的形成是由于鲜蛋受潮或雨淋，蛋壳表层的保护膜被破坏，致使细菌侵入蛋内，引起发霉变质。通过光照可见蛋内有黑色斑点。此种蛋一般不宜食用。

7. 臭蛋

臭蛋的形成是因蛋内细菌腐蚀而造成蛋品腐败。这种蛋不透光，打开后臭气很大，蛋黄混浊不清，颜色黑暗，不能食用。

第十三章

第一节　水产品原料的初加工

西餐烹调中常用的水产品原料主要有鱼类、贝类、虾、蟹及部分软体动物等，其种类繁多，加工方法也各不相同。

一、鱼类原料的初加工方法

鱼类原料的初加工主要是对其进行剔骨处理。由于鱼类的形态各不相同，应用于烹调上的方法也存在差异，故其初加工方法也不尽相同。

1. 鳜鱼鱼柳的加工方法

此加工方法适用于鲈鱼、鲷鱼、鳟鱼、草鱼、黑鱼、鲑鱼等体形似圆锥形或纺锤形鱼类鱼柳的加工。加工方法是：

（1）将鱼去鳞，去内脏，洗净。

（2）将鱼头朝外放平，用刀顺鱼背鳍两侧将鱼脊背划开。

（3）用刀自鱼鳃下斜着各切出一个切口至脊骨。

（4）从头部切口处入刀，紧贴脊骨，从头部向尾部小心将鱼肉剔下。

（5）将鱼身翻转，再从尾部向头部运刀，紧贴脊骨将另一侧鱼肉剔下。

（6）将剔下的部分鱼皮朝下，并用刀在尾部横切出一个切口至鱼皮处，一只手捏住尾部，另一只手运刀从切口处将整个鱼皮片下即可。

2. 比目鱼鱼柳的加工方法

此加工方法适用于鲽鱼、箬鳎鱼、菱鲆鱼等鱼类鱼柳的加工。其加工方法是：

（1）将鱼洗净，剪去四周的鱼鳍。

（2）用刀在正面鱼尾部切一个小口，将正面鱼皮撕开一点。

（3）一只手按住鱼尾，另一只手手指涂少许盐（以防止打滑），捏住撕起的鱼皮，用力将正面整个鱼皮撕下。背面也采用同样方法撕下鱼皮。

（4）将鱼放平，用刀从头至尾沿脊骨处划开，然后再用刀将鱼脊骨两侧的鱼肉剔下。

（5）将鱼翻转，另一面朝上，用同样的方法将鱼肉剔下即可。

比目鱼鱼柳加工如图 13-1 所示。

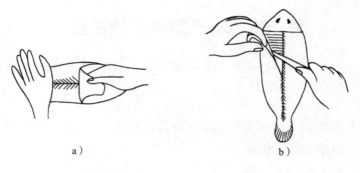

a）   b）

图 13-1　比目鱼鱼柳加工

3. 沙丁鱼的去骨方法

（1）用稀盐水将沙丁鱼洗净，刮去鱼鳞。

（2）切掉鱼头，用刀斜着切掉部分鱼腹，然后将内脏清除，并用冷水洗净。

（3）用手指将尾部的脊骨小心剔下、折断，与尾部分开。

（4）捏着折断的脊骨慢慢将整条脊骨拉出来即可。

4. 整鱼出骨的加工方法

（1）将鱼去鳞，去内脏，洗净。

（2）切下鱼头，然后从腹部入刀，沿腮下至尾部将脊骨与两侧鱼肉分别片开（勿片断），露出脊骨。

（3）用剪刀将脊骨从头至尾剪下，并使两侧鱼肉相连。

（4）分别将两侧鱼肉上残留的骨刺剔下即可。

此方法常用于铁扒鱼的加工。

二、其他水产品原料的初加工方法

1. 大虾的初加工方法

大虾的初加工一般有两种方法。

（1）将虾头、虾壳剥去，留下虾尾。用刀在虾背处轻轻划开一道切口，取出虾肠，洗净。这种加工方法在西餐中应用较为普遍。

（2）将大虾洗净，用剪刀剪去虾须和虾足。将五片虾尾中较短的一片拧下后拉，把虾肠一起拉出。这种方法适宜铁扒大虾菜肴的初加工。

2. 蟹的初加工方法

蟹的初加工主要是指将蟹肉出壳的加工方法。蟹肉出壳一般有两种方法。

（1）用水洗净，撕下腹甲，取下蟹壳，然后取下白色蟹腮，并将其他杂物清除后，再用水冲净。将蟹从中间切开，然后取出蟹黄及蟹肉。用小锤将蟹腿、蟹螯敲碎，再用竹签将肉取出即可。

（2）将蟹加工成熟，取下蟹腿，用剪刀将蟹腿一端剪掉，然后用擀杖在蟹腿上向剪开的方向滚压，挤出蟹腿肉。将蟹螯扳下，用刀敲碎其硬壳后，取出蟹螯肉。将蟹盖掀开，去掉蟹腮，然后将蟹身上的肉剔出即可。

3. 牡蛎的初加工方法

（1）用清水冲洗牡蛎，并清除掉硬壳表面的杂物。

（2）用牡蛎刀将牡蛎壳撬开。

（3）将牡蛎肉从壳上剔下。

（4）将牡蛎壳洗净、控干，然后将牡蛎肉放回壳内即可。

4. 贻贝的初加工方法

（1）将贻贝清洗干净，去除海草等杂物。

（2）放入冷水中，用硬刷将贻贝表面擦洗干净。

5. 墨鱼的初加工方法

（1）纵向将软骨上面的皮切开，然后剥开墨鱼背，去除软骨，并摘除体内的内脏及墨鱼爪。

（2）拉着墨管前端，撕下墨袋。

（3）去掉尾鳍，剥除外皮。

（4）切除墨鱼体周边较硬部分，清洗干净即可。

第二节　原料的刀工成型

一、畜肉类原料的刀工成型

目前，西餐厨房中所购进的畜肉类原料大都是已按部位进行分档的原料，而要用于烹调，则还要对大部分原料进行进一步刀工处理，以便于烹调。

1. 牛主要部位的刀工成型

（1）牛脊背部位的初加工方法。牛的脊背部肉质鲜嫩，形状规整，用途广泛，可加工成带骨牛排和无骨牛排。

1）带骨牛排的加工

①肋骨牛排。其位于肋背部，由6~7根较规则的肋骨和脊肉构成，如图13-2所示。

其加工方法是：将肋骨横着锯掉2/3，并用刀剔除脊肉表层部分多余的脂肪；然后用刀将脊肉与脊骨剔开，并注意保持脊肉表面完整；接着用锯紧贴肋骨将肋骨与脊骨锯开，去除脊骨；最后将肋骨内侧的筋膜剔除干净即可。

②T骨牛排。一般T骨牛排位于牛的上腰部，是一块由脊肉、脊骨和里脊肉等构成的大块牛排。T骨牛排一般厚2 cm左右，重约300 g，如图13-3所示。美式T骨牛排形状同T骨牛排，但较T骨牛排大些，一般厚3 cm左右，重450 g左右。

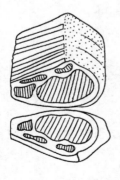

图13-2　肋骨牛排

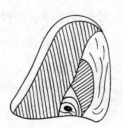

图13-3　T骨牛排

其加工方法是：锯下一层脊骨，然后剔除脊肉表层的筋膜及多余的脂肪，最后将脊骨连带着两侧的脊肉和里脊肉锯开成所需厚度的片即可。

2）无骨牛排的加工。牛脊背部去骨的加工方法是：用刀贴着脊椎骨将脊椎骨与脊肉分开，然后再顺着肋骨进刀，将肋骨与脊肉分开，将骨头剔下，最后将剔下骨头的脊肉表层多余的脂肪及四周的肉质清理干净即可。牛脊肉去骨后从前至后可加工两种无骨牛排。

①肋眼牛排。其由肋背部的脊肉和周边的肌肉组织及部分脂肪构成，重 120~140 g，如图 13-4 所示。

②西冷牛排。其由上腰部的脊肉构成，如图 13-5 所示。西冷牛排按质量的不同又可分为：小块西冷牛排，重 150~200 g；大块西冷牛排，重 250~300 g；纽约式西冷牛排，重量超过 350 g。

图 13-4 肋眼牛排　　　　　　　　　　　图 13-5 西冷牛排

（2）牛里脊的初加工方法。牛里脊又称牛柳，位于牛腰部内侧，左右各有一条，是牛肉中肉质最鲜嫩的部位。一整条牛里脊大致可分为三部分，即里脊头段、里脊中段和里脊末段，其中里脊中段肉质最鲜嫩，形状也最为整齐。不同部位的牛里脊可以加工成多种类型的牛排。

1）米龙牛排。选用里脊头段，将其去筋及多余的脂肪，切成 2~3 cm 厚、重 150~200 g 的片即可。

2）菲力牛排。选用里脊中段，将其切成 1.5~2 cm 厚、重 100~150 g 的块即可。

3）小件牛排。选用里脊中段，切成 1~1.5 cm 厚、重 100 g 左右的块，并去掉所有的筋及脂肪。

4）薄片牛排。选用里脊末段，将其切成薄片即可。

5）整条菲力。切去整条牛里脊的两端，然后将筋及脂肪剔除干净即可。

（3）牛舌的初加工方法

1）用硬刷将牛舌表面的污物清理干净。

2）用稀盐水将舌根部的血污洗净，然后用刀将牛舌上的筋及多余的脂肪剔除。

3）将牛舌放入锅内的冷水中，煮 1 h 左右，并随时清除浮沫。

4）煮好后将牛舌取出，趁热剥除牛舌表面粗糙的表皮。剥皮时应从舌根处剥起，一直剥到舌尖部。

（4）牛尾的初加工方法

1）将牛尾清洗干净。

2）剔除牛尾根部多余的脂肪。

3）顺尾骨关节处入刀，将牛尾分成段。

4）将牛尾放入锅内的冷水中，对其进行初步热加工。

5）取出后用清水将牛尾清洗干净即可。

2. 羊主要部位的刀工成型

（1）羊肋背部的初加工方法。羊肋背部肉质鲜嫩，用途广泛，可加工成多种肉排。

1）肋骨羊排。主要是由 6~7 根较规则的肋骨与脊肉构成，如图 13-6 所示。

其加工方法是：从肋背部脊骨中间锯开成两块，然后用刀将里外两侧的皮膜剔除干净，并将脂肪下的半月形软骨剔除；然后用刀在肋骨前部 3~4 cm 处将肋骨间的肉划开，并将肉剔除干净，露出肋骨头；最后将脊骨与脊肉剔开，锯下脊骨即可。

2）格利羊排。主要是由 1~2 根肋骨和脊肉构成。由 1 根肋骨和脊肉构成的称为格利羊排，由两根肋骨和脊肉构成的称为双倍格利羊排。

其加工方法是：将备好的肋骨羊排从肋骨间切开即可。

（2）羊马鞍部的初步加工方法。羊马鞍部又称羊上腰，此部位无肋骨，肉质鲜嫩，用途广泛，可加工成多种肉排。

1）羊马鞍。主要是由脊骨和两侧的脊肉及里脊肉等构成，如图 13-7 所示。

图 13-6 肋骨羊排

图 13-7 羊马鞍

其加工方法是：将羊马鞍部与肋背部从脊骨上锯开，然后将羊马鞍剔去皮，摘下羊腰子，再用刀剔去里外两侧的皮膜、筋及多余的脂肪即可。

2）腰脊羊排。其加工方法是：将腰部的脊肉从脊骨上剔下，然后再剔除多余的脂肪、筋及碎肉，最后切成 100~150 g 重的片即可。

3）小块羊排。其加工方法是：将羊腰部的脊肉去骨后斜切成约 2 cm 厚的片，稍拍薄后，整理成格利羊排状即可。

（3）羊腿出骨的加工方法

1）剔除羊腿表面的硬筋和脂肪。

2）沿着胯骨的边缘进刀，将胯骨剔下。

3）沿大腿骨边缘入刀，切开大腿肉，并将腿骨与腿肉间的硬筋切断。

4）将大腿骨上端关节周围的肉质剔开。

5）握住大腿骨上端，拧动大腿骨，然后用刀将大腿骨与小腿骨的关节切开，剔下大腿骨即可。

3. 猪主要部位的刀工成型

（1）带骨猪排的加工方法。带骨猪排主要是由猪肋骨和脊肉构成，每件重量为150~200 g。

其加工方法是：沿着脊骨将肉与脊骨剔开，然后用锯将脊骨与肋骨锯开，剔下脊骨；接着将肋骨前端用刀剁下 3~5 cm，并剔除脊肉表面多余的脂肪及碎肉；最后顺肋骨间将其切成片即可。

（2）无骨猪排的加工方法。无骨猪排是由去骨的脊肉加工制成的，一般每件重量为 100~120 g。

其加工方法是：剔除去骨的外脊肉表面多余的脂肪、筋质及周边的碎肉，然后切成所需规格的片即可。

二、禽类原料的刀工成型

禽类的种类较多，其刀工成型的方法大致相同，下面以鸡的加工为例加以说明。

1. 用于煎、炒、烩时鸡的初加工方法

（1）切除鸡翅、鸡爪和鸡颈，剔除 V 形锁骨，将鸡整理干净。

（2）将鸡分卸成鸡腿、鸡胸和骨架三部分。

（3）将鸡腿顺大腿骨和小腿骨之间的关节处切开，并将关节周围的肉与关节剔开，剁下腿骨的关节。

（4）将鸡胸部朝上放平，在距胸部三叉骨 3~4 cm 处入刀，分别将三叉骨两侧的鸡胸脯肉自上而下切开，再用刀从切口处自下而上将鸡胸脯肉连带鸡翅根部剔下。

（5）将中间的鸡胸脯肉连带三叉骨和鸡柳肉横着切成 2~3 块。

（6）切除骨架两侧的鸡肋，并将鸡尖切除，将骨架剁成 3 块即可，如图 13-8 所示。

2. 铁扒鸡的初加工方法

（1）将鸡头、鸡颈、鸡爪卸下。

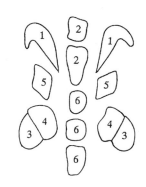

图 13-8　用于煎、炒、烩时鸡的初加工方法

1—鸡排　2—鸡脯　3—小腿
4—大腿　5—鸡肋　6—骨架

（2）剁下翅尖，并剔除 V 形锁骨。

（3）背部朝上，用刀从颈底部直至肛门处将脊骨从中间切开。

（4）展开鸡身，去掉内脏，然后用剪刀剪掉脊骨，并剔除肋骨。

（5）将鸡胸部从中间切开，使之成为两片。

（6）用拍刀拍平，整理干净即可。

3. 鸡排的初加工方法

（1）在距翅根关节 3~4 cm 处用刀转圈切开，然后将翅膀别上劲，再用刀背轻敲切口处，使翅骨整齐断开。

（2）将鸡胸脯上的鸡皮撕开，用刀从三叉骨处自下而上将鸡胸脯肉与三叉骨剔开，直至翅根关节处。

（3）用刀自翅根关节处将鸡翅根与胸骨切开，并使翅根部与胸脯肉完整地连在一起。

（4）将三叉骨上的鸡柳肉剔下。

（5）将鸡排整理成型即可。

第十四章

菜肴制作准备

第一节　制　作　少　司

一、布朗少司的 10 种变化

以布朗少司为基础可以衍变出很多少司，下面介绍具有代表性的 10 种少司。

1. 红酒少司（red wine sauce）

用黄油把冬葱末炒香，调入红酒，然后倒入布朗少司、他拉根香草，在火上煮香，撒上番芫荽末即好。红酒少司常用于煎小牛扒。

2. 蜂蜜少司（honey sauce）

用煎盘把糖炒成糖色，然后加入布朗少司，调入蜂蜜，放入火腿皮，在火上煮透。蜂蜜少司常用于丁香焗火腿。

3. 马德拉少司（Madeira sauce）

在少司锅内倒入适量马德拉酒，稍煮，然后加入布朗少司，煮透即可。

4. 蘑菇少司（mushroom sauce）

用黄油把洋葱末炒香，加入蘑菇丁稍炒，烹入白兰地酒，倒入布朗少司，在火上煮透，并把汁收浓，调好口味即好。

5. 杂香草少司（mix herbs sauce）

用黄油把葱末、蒜末炒香，放入杂香草，兑入红酒，加入布朗少司煮透即可。

6. 迷迭香少司（rosemary sauce）

在布朗少司内加入烤鸡骨及原汁，放入迷迭香、红酒煮透即好。这种少司常用于配烤鸡。

7. 鲜橙少司（orange sauce）

用少司锅把糖炒成棕红色，倒入布朗少司，加入柠檬皮末、橙皮、橙汁、橘子甜酒、白糖、杜松子酒，煮成适当的浓度，过滤后即好。鲜橙少司常用于配烤鸭。

8. 胡椒少司（pepper sauce）

把洋葱、大蒜切成末，胡椒碾碎，然后用黄油炒香，烹入白兰地酒、红酒，倒入布朗少司，煮成一定的浓度，加些奶油即好。胡椒少司用于煎肉扒等菜肴。

9. 魔鬼少司（deviled sauce）

把冬葱末和杂香草用红葡萄酒煮透，再倒入布朗少司和烤肉的原汁煮透，调入盐、胡椒粉，最后用黄油调成适当浓度即成。魔鬼少司常用于配烤羊排。

10. 罗伯特少司（Robert sauce）

把酸黄瓜、火腿切丝，蘑菇切片。用黄油将洋葱末炒香，加入酸黄瓜、火腿丝、蘑菇片，倒入布朗少司稍煮，放入芥末和柠檬汁，最后用奶油调浓度即好。这种少司常用于猪肉类菜肴。

二、奶油少司的5种变化

奶油少司俗称白汁，在西餐烹调中使用很广，在此基础上可以衍变出很多少司，较为常见的有以下5种。

1. 莳萝奶油少司（dill cream sauce）

在用鱼基础汤制作的奶油少司内加入莳萝、奶油、白葡萄酒，煮透即可。这种少司常用于烩海鲜。

2. 龙虾奶油少司（lobster cream sauce）

把龙虾壳和切碎的洋葱、胡萝卜、芹菜、香叶、迷迭香、清黄油放入烤盘烤制上色，然后放入少量水和白兰地酒，再烤半小时取出，将虾油过滤。把虾油调入用鱼基础汤制作的奶油少司内，加奶油煮透即好。

3. 莫内少司

在奶油少司内放入奶酪粉煮透，再放入调稀的蛋黄即好。此种少司常用于焗类菜肴。

4. 红花奶油少司（saffron cream sauce）

在奶油少司内放入用干白葡萄酒煮好的或用热水泡好的番红花，煮透即好。

5. 他拉根少司（tarragon sauce）

把他拉根香草用白葡萄酒煮软、煮透，放入奶油少司内，调入奶油，煮透即好。

三、荷兰少司

1. 制作荷兰少司

（1）原料

主料：蛋黄 10 个，清黄油 2 000 mL。

调料：白葡萄酒 100 mL，香叶 3 片，黑胡椒粒 1 g，冬葱末 100 g，红酒醋 60 g，柠檬半个，盐、胡椒粉、辣酱油适量。

（2）制作过程

1）把红酒醋、香叶、黑胡椒粒、柠檬、冬葱末放入少司锅内，煮成浓汁过滤。

2）把蛋黄放入少司锅内，少司放入 50~60 ℃的少司锅内，放入白葡萄酒，打至发起。再逐渐加入温热的清黄油，并不断搅动，使之融为一体，放入盐、胡椒粉、辣酱油煮成浓汁搅匀，放在温热处保存即可。

（3）质量标准

色泽：浅黄，有光泽。

形态：膏状。

口味：清香，微咸酸，黄油香味浓郁。

口感：细腻。

2. 以荷兰少司为基础制作的少司

（1）马尔太少司。在荷兰少司内加入橙汁、橙皮丝搅匀即可。这种少司常配芦笋食用。

（2）莫斯林少司。把奶油打发加入荷兰少司内搅匀即可。这种少司常用于焗类菜肴。

（3）班尼士少司。把他拉根香草切碎，用白酒醋煮软，倒入荷兰少司内，再加上番芫荽末搅匀即可。这种少司常用于配烤牛柳。

（4）牛扒少司。在班尼士少司内加入少许烧汁，搅匀即可。此种少司常用于配牛扒类菜肴。

四、番茄少司（tomato sauce）

1. 制作番茄少司

（1）原料

主料：鲜番茄 15 kg，番茄酱 2 kg。

辅料：植物油 500 mL，面粉 500 g，洋葱 2 kg，大蒜 500 g。

调料：糖 300 g，盐、胡椒粉适量，百里香 5 g，罗勒 3 g，香叶 3 片。

（2）制作过程

1）把番茄洗净，在沸水中过一下，去皮去蒂，用粉碎机打碎。

2）把洋葱、大蒜切成末，用植物油炒香，加入番茄酱炒出红油，放入面粉炒香后加入鲜番茄汁，搅匀，加入百里香、罗勒、香叶、糖、盐、胡椒粉，在微火上煮约 30 min 即好。

（3）质量标准

色泽：艳红。

形态：半流体。

口味：浓香，咸酸。

口感：细腻。

2. 以番茄少司为基础制作的少司

（1）杂香草少司（tomato mix herbs sauce）。用黄油把洋葱炒香，然后放入番茄丁、杂香草稍炒，烹入少量红葡萄酒醋，再加入番茄少司、布朗少司调匀即好。

（2）普罗旺少司（Provencal sauce）。用白酒醋把冬葱末、大蒜末煮透，加入番茄少司开透，再撒上番芫荽末、橄榄丁、蘑菇丁搅匀，再开起即好。

（3）葡萄牙少司（Portuguese sauce）。将番茄去皮、去籽，切成丁。植物油烧热，放入洋葱末、蒜末炒香，加入番茄丁及一点布朗少司和番茄少司，煮开后加入鲜黄油，撒上番芫荽即成。

五、制作咖喱少司（curry sauce）

1. 原料

主料：咖喱粉 350 g，咖喱酱 500 g，姜黄粉 100 g，什锦水果（苹果、香蕉、菠萝）1 600 g，鸡基础汤 6 000 mL。

辅料：洋葱 100 g，蒜 70 g，姜 120 g，青椒 100 g，土豆 1 000 g。

调料：植物油 100 g，辣椒 4 个，香叶 2 片，丁香 1 粒，椰子奶 200 mL，盐适量。

2. 制作过程

（1）把各种蔬菜洗净，洋葱、青椒切成块，水果、土豆去皮切片，姜、蒜拍碎。

（2）用油把洋葱、姜、蒜炒香，放入咖喱粉、咖喱酱、姜黄粉、丁香、香叶、辣椒炒出香味，再放入土豆、青椒、水果稍炒。放入鸡基础汤，在微火上煮 1~2 h，至蔬菜、水果较烂时，再用打碎机把少司打碎，加入盐、椰子奶，煮沸过滤，如浓度不够可加油炒面粉调浓度。

3. 质量标准

色泽：黄绿色。

形态：半流体。

口味：浓香，果香，辛辣，微咸。

口感：细腻。

六、制作黄油少司

黄油少司是以黄油为主料的少司，多数呈固态，主要用于特定的菜肴。常见的黄油少司有以下几种：

1. 巴黎黄油

（1）原料

主料：黄油 1 000 g。

辅料：法国芥末 20 g，冬葱末 125 g，洋葱末 200 g，小葱 50 g，水瓜柳 25 g，牛膝草 5 g，莳萝 5 g，他拉根香草 10 g，银鱼柳 8 条，蒜 3 粒，白兰地酒 50 mL，马德拉酒 50 mL，辣酱油 5 g，咖喱粉 5 g，红椒粉 5 g，柠檬皮 5 g，橙皮 3 g，橙汁 3 g，盐 12 g，鸡蛋黄 4 个。

（2）制作过程

1）把黄油放在温暖的地方使其化软，然后将其打成奶油状。

2）用黄油把冬葱末、蒜末炒香，再加入除蛋黄外的所有原料稍炒，凉后放入打发的黄油中搅拌均匀，然后放入鸡蛋黄搅匀。

3）把黄油放入挤袋挤成奶油花，也可用油纸卷成卷，放入冰箱冷藏，随用随取。巴黎黄油常用于焗牛排。

2. 蜗牛黄油（snail butter）

（1）原料

主料：黄油 1 500 g。

辅料：番芫荽 90 g，冬葱 150 g，葱蓉 90 g，银鱼柳 30 g，他拉根香草 15 g，牛膝草 6 g，白兰地酒 80 g，柠檬汁 50 g，红椒粉 10 g，水瓜柳 25 g，咖喱粉 10 g，盐 15 g，胡椒粉、辣酱油少量，鸡蛋黄 6 个。

（2）制作过程。与巴黎少司的制作方法相同。蜗牛黄油主要用于焗蜗牛。

3. 柠檬黄油（lemon butter）

（1）原料

主料：黄油 1 000 g。

调料：柠檬汁 50 mL，辣酱油 10 mL，番芫荽末 5 g，盐、胡椒粉少量。

（2）制作过程

1）把黄油放在温暖的地方使其化软，然后将其打成奶油状，加入柠檬汁、辣酱油、盐、胡椒粉、番芫荽末搅匀。

2）把黄油放在油纸上卷成卷，放入冰箱冷藏，随用随取。柠檬黄油可配牛扒，若放些莳萝可用于配煎海鲜。

4. 文也少司

（1）原料

主料：黄油 1 000 g。

辅料：水瓜柳 10 g，炸面包丁 10 g，柠檬肉丁 10 g，番芫荽末 5 g。

调料：白葡萄酒 50 mL，柠檬汁 20 mL，辣酱油 10 mL，盐、胡椒粉少量。

（2）制作过程。把白葡萄酒、柠檬汁、辣酱油放入锅中加热，再放入黄油，不停地搅拌至黏稠上劲，最后放入小料即好。文也少司多用于煎鱼和海鲜类菜肴。

七、制作冷调味汁

冷调味汁是调制冷菜的主要原料，有些品种还可以配热菜。冷调味汁包括马乃司少司、醋油少司等。

1. 马乃司少司（mayonnaise sauce）

（1）制作马乃司少司

1）原料

主料：鸡蛋黄 2 个，沙拉油 500 mL。

辅料：芥末 20 g，柠檬汁 10 mL，冷清汤 50 mL，白醋 10 mL，盐 15 g，胡椒粉少量。

2）制作过程

①把鸡蛋黄放在干净的陶瓷器皿中，放入盐、芥末、胡椒粉。

②用蛋抽把鸡蛋黄搅匀，然后逐渐加入沙拉油，并不断搅拌，使蛋黄与油融为一体。

③当搅至黏度大、搅拌吃力时，加入白醋和冷清汤，这时黏度减小，颜色变浅，再继续加沙拉油，直至加完。再加入柠檬汁，搅拌均匀即好。

注：如用量大，可用打蛋机搅制。

3）质量标准

色泽：浅黄，均匀，有光泽。

形态：稠糊状，表面无浮油。

口味：清香及适口的酸咸味。

口感：绵软细腻。

4）保管方法

①存放在 0 ℃以上的冷藏箱中。

②存放时要加盖，防止表面水分蒸发而脱油。

③取用时用无油器具，以防脱油。

④避免强烈振动，以防脱油。

（2）以马乃司少司为基础衍变出的常见少司

1）鞑靼少司（tartar sauce）

原料：马乃司少司 500 g，煮鸡蛋 2 个，酸黄瓜 100 g，番芫荽 10 g，盐、胡椒粉少量。

制作过程：把煮鸡蛋、酸黄瓜切成小丁，番芫荽切成末，然后把所有原料放在一起，搅拌均匀即好。

2）千岛汁（Thousand Island dressing）

原料：马乃司少司 500 g，番茄少司 130 g，煮鸡蛋 2 个，酸黄瓜 60 g，青椒 40 g，白兰地酒、柠檬汁、盐、胡椒粉少量。

制作过程：把煮鸡蛋、酸黄瓜、青椒切碎，然后把所有原料放在一起搅拌均匀即好。

3）法国汁（French dressing）

原料：马乃司少司 500 g，白醋 100 g，法国芥末 50 g，沙拉油 50 mL，清汤 200 mL，洋葱末 50 g，蒜蓉 40 g，柠檬汁、辣酱油、盐、胡椒粉少量。

制作过程：把除马乃司少司外的所有原料放在一起搅匀，然后逐渐加入马乃司少司内，并搅拌均匀。

4）鱼子酱少司（caviar sauce）

原料：马乃司少司 100 g，黑鱼子酱 15 g，鳗鱼酱 15 g。

制作过程：把黑鱼子酱和鳗鱼酱放在马乃司少司内搅拌均匀即好。

5）绿色少司（green sauce）

原料：马乃司少司 100 g，菠菜泥 15 g，番芫荽末、他拉根香草少量。

制作过程：把所有原料放在一起搅拌均匀即好。

6）尼莫利少司

原料：马乃司少司 100 g，酸黄瓜丁 20 g，水瓜纽 10 g，他拉根香草少量。

制作过程：把所有原料放在一起搅拌均匀即好。

2. 醋油少司

（1）制作醋油少司

原料：沙拉油 200 mL，白醋 50 mL，洋葱末 70 g，盐 10 g，胡椒粉、杂香草少量。

制作过程：把所有原料放在一起搅拌均匀即好。

（2）以醋油少司为基础制作的少司

1）渔夫少司（fisherman's sauce）

原料：醋油少司 100 mL，熟蟹肉 15 g。

制作过程：把熟蟹肉切碎，放在醋油少司内，搅拌均匀即好。

2）挪威少司（Norway sauce）

原料：醋油少司 100 mL，熟鸡蛋黄 15 g，鳗鱼 7 g。

制作过程：把熟鸡蛋黄和鳗鱼切碎，放入醋油少司内，搅拌均匀即好。

3）醋辣少司

原料：醋油少司 100 mL，酸黄瓜 15 g，水瓜纽 5 g。

制作过程：把酸黄瓜和水瓜纽切碎，放入醋油少司内，搅拌均匀即好。

第二节　制作配菜

一、配菜的使用原则

西餐中除了一些特定菜式的配菜，其余配菜的使用一般随意性很大。一份完整的菜肴不但要求在风格上统一，而且在色彩搭配上也要力求协调。配菜的使用一般有以下三种形式。

1. 以土豆和两种不同颜色的蔬菜为一组的配菜

如炸薯条、煮豌豆、煮胡萝卜为一组的配菜，烤土豆、炒菠菜、黄油菜花也可组成一组配菜。这两种组合形式是最常见的方式。

2. 以一种土豆制品单独使用的配菜

这种形式的配菜大都根据菜肴的风味特点配合使用，如煮鱼配煮番芫荽土豆、法式羊肉串配里昂式土豆等。

3. 以少量米饭或面食单独使用的配菜

各种米饭类配菜大都用于带汁的菜肴，如咖喱鸡配黄油米饭等。各种面食类配菜大都用于意大利式菜肴，如意式烩牛肉配炒通心粉。

二、配菜制作实例

1. 土豆类配菜

例 1 炸气鼓土豆

原料：净土豆 500 g，植物油、盐适量。

制作过程：

（1）土豆去皮，切成直角六面体，再切成约 3 mm 厚的片。

（2）土豆片用水洗净，用干布擦干水。

（3）将土豆片放入低温（110~130 ℃）的油锅中，并轻轻晃动油锅，至土豆片表面略微膨胀后捞出。

（4）立即将土豆片放入 150~160 ℃的油锅中使其迅速膨胀，上色，捞出，控油，用盐调味。

例 2 公爵夫人式土豆

原料：净土豆 500 g，黄油 50 g，蛋黄 1 个，盐适量。

制作过程：

（1）土豆去皮，切成大块，放入盐水中煮熟。

（2）将土豆擦成蓉。

（3）加入黄油、蛋黄、盐搅拌均匀。

（4）将土豆蓉放入带"星嘴"的挤袋内。

（5）在烤盘上擦油，用挤袋在烤盘上挤出直径 4~5 cm、高 2~2.5 cm 的带螺纹的玫

瑰花形。

（6）将烤盘放入230~250 ℃烤箱内，烤2~3 min，使其轻微定壳后取出，刷上蛋液。

（7）放入烤箱或明火焗炉内烤至上色。

例3 煎薯丝饼

原料：净土豆500 g，清黄油50 g，盐、胡椒粉适量。

制作过程：

（1）将土豆去皮，切成5~6 cm长的细丝，用水稍冲洗后用干布擦干水。

（2）将土豆放入煎盘内，加清黄油用小火将土豆丝煎软，但不要煎上色。

（3）将煎软的土豆丝取出，用盐、胡椒粉调味。

（4）在煎盘内加入清黄油，烧热后放入变软的土豆丝，用铲子将土豆丝压平，使其成5 mm厚的圆饼。

（5）小火煎制，并不断沿煎盘四周浇入清黄油，至薯饼底部变色后翻转，用同样方法煎制另一面。

例4 焗带皮土豆

原料：带皮土豆10个，黄油50 g，奶酪粉50 g，盐、胡椒粉适量。

制作过程：

（1）挑选形状整齐、外表光滑的土豆，洗净。

（2）用小刀沿土豆四周切1个约2 cm深的口。

（3）将切好口的土豆放入用盐垫底的烤盘内，放入230~250 ℃的烤箱，烤1 h左右，约30 min时转动一下土豆。

（4）取出土豆，用布握住土豆轻挤，感觉很软即熟透。

（5）将土豆顺切口分为两半，并用匙将土豆从皮中取出，放入碗内。

（6）将土豆用盐、胡椒粉、黄油调味并搅拌均匀。

（7）再将调味的土豆填入土豆皮壳内，撒上奶酪粉，浇上黄油。

（8）放入230 ℃的烤箱，将表面烤上色。

例5 王妃式焗土豆片

原料：净土豆500 g，黄油150 g，奶酪粉25 g，基础汤100 mL，盐、胡椒粉适量。

制作过程：

（1）将土豆去皮，切成2~3 mm厚的圆片。

（2）圆模内抹黄油，将土豆片平摆于模内，每摆一层撒一次盐和胡椒粉，直至将圆模摆满为止。

（3）加入基础汤，淋上熔化的黄油，最后撒上奶酪粉。

（4）放入 230 ℃的烤箱，烤至成熟上色。

（5）稍凉后从模具中倒出，切块即可。

例 6　多菲内奶油焗土豆

原料：净土豆 500 g，鲜奶油 200 mL，牛奶 400 mL，鸡蛋 1 个，黄油、盐、胡椒粉、豆蔻粉、蒜适量。

制作过程：

（1）将土豆去皮，切成 2 mm 厚的圆片。

（2）将奶油、牛奶、鸡蛋、盐、胡椒粉、豆蔻粉混合，搅拌均匀。

（3）圆模内擦上蒜汁，再涂抹黄油。

（4）在圆模内每摆上一层土豆片，浇少许混合物，直至将土豆片摆满。

（5）放入 160~180 ℃的烤箱，烤约 30 min，直至土豆成熟。

2. 其他蔬菜类配菜

例 1　焗番茄

原料：小番茄 10 个，洋葱末 50 g，黄油 50 g，蒜末 25 g，盐、胡椒粉适量。

制作过程：

（1）将番茄削去蒂，洗净，蒂部朝上摆在焗盘内。

（2）煎盘烧热，加黄油、洋葱末、大蒜末炒至浅黄色。

（3）将炒好的洋葱末和蒜末分别铺在番茄上面，用盐和胡椒粉调味，淋上黄油。

（4）焗盘放入明火焗炉下，将番茄焗至表面上色即可。

例 2　红焖洋葱

原料：小个洋葱 20 个，清黄油 150 g，布朗少司 100 mL，香叶、盐、胡椒粉适量。

制作过程：

（1）将洋葱剥去外表老皮，洗净。

（2）焖锅烧热，放入黄油，倒入洋葱。将洋葱四面煎黄后倒出部分油脂。

（3）锅内加入布朗少司、盐、胡椒粉、香叶，然后加盖。

（4）小火焖 20 min 左右至洋葱软烂。

例 3　豌豆酱

原料：鲜豌豆 200 g，鲜奶油 50 mL，黄油 20 g，盐、胡椒粉适量。

制作过程：

（1）将豌豆放入盐水中煮熟、煮软。

（2）取出豌豆，用凉水冲凉，用干布擦干水。

（3）将豌豆放入搅碎机内打碎，过细筛，除去豌豆皮，得到豌豆蓉。

（4）将豌豆蓉放入锅中，用小火烘干多余的水分。

（5）再加入鲜奶油、黄油、盐、胡椒粉搅拌均匀，使之成酱即可。

例4 焗西蓝花

原料：西蓝花 200 g，荷兰少司 100 mL，奶酪粉 10 g。

制作过程：

（1）将西蓝花洗净，用小刀分成小朵，用盐水煮熟，控干水分。

（2）将西蓝花放入焗盘内，在西蓝花上浇上荷兰少司，撒上奶酪粉。

（3）在明火焗炉下焗上色。

例5 炸面拖菜花

原料：菜花 500 g，面粉 100 g，鸡蛋 2 个，牛奶 50 mL，盐、胡椒粉、植物油适量。

制作过程：

（1）将菜花洗净，用小刀分成小朵，用盐水煮熟，控干水分。

（2）将面粉、蛋黄、牛奶、盐、胡椒粉混合，调成糊，静置 1 h。

（3）将蛋清打起，呈泡沫状时迅速与面糊混合，搅匀。

（4）用竹签插住煮熟的菜花，蘸上面糊，放入 160 ℃ 的油锅中炸至淡黄色，捞出即可。

例6 培根焖芹菜

原料：芹菜梗 100 g，培根 4 片，洋葱半个，胡萝卜 20 g，蒜 1 瓣，黄油 20 g，干白葡萄酒 200 mL，布朗基础汤 400 mL，番茄酱 50 g，盐、胡椒粉适量。

制作过程：

（1）撕去芹菜筋，取其嫩茎部，切成 5~6 cm 长的段，3~4 根一组，用线绳将两端捆好。

（2）将蒜拍碎，洋葱切成末，胡萝卜切成丁，培根切成条。

（3）用黄油将蒜炒出香味，加入洋葱末、胡萝卜丁、番茄酱炒透。

（4）将芹菜段放入焖锅内，加入炒好的番茄酱、干白葡萄酒、布朗基础汤、盐、胡椒粉，最后将培根条放在芹菜段上。

（5）焖锅加热至沸后加盖，放入 180 ℃ 的烤箱内，焖大约 40 min 取出，拆下线绳。

（6）芹菜装盘，将焖汁过滤后浇在芹菜上即可。

3. 谷物类配菜

例1 东方式炒饭

原料：大米 500 g，碎花生米 50 g，煮鸡蛋 1 个，油炸葡萄干 50 g，炸洋葱丁

50 g，黄油 100 g，盐适量。

制作过程：

（1）大米洗净，加盐蒸熟，晾凉。

（2）用黄油将米饭炒透。

（3）加入碎花生米、炸洋葱丁、鸡蛋丁和炸葡萄干，搅拌均匀即可。

例 2　黄油米饭

原料：长粒大米 250 g，黄油 50 g，黑橄榄 20 g，番茄 50 g，盐、胡椒粉、番芫荽末适量。

制作过程：

（1）将番茄、黑橄榄切成米粒大小的丁。

（2）将大米洗净，放入锅中，加清水，水与米的比例为 3∶1。加少许盐，煮至成熟。

（3）将煮好的米饭捞出，控干水分，然后用清水漂洗干净，再控去水分。

（4）在米饭内加入熔化的黄油、胡椒粉、黑橄榄丁、番茄丁及番芫荽末搅拌均匀，炒透即可。

（5）使用时，在模具内抹上一层黄油，放入米饭，用手压实，放入烤箱内烤透，然后扣出即可。

例 3　煎玉米饼

原料：甜玉米粒 500 g，面粉 100 g，鸡蛋 3 个，砂糖 50 g，植物油 150 g。

制作过程：

（1）将玉米放入碗内，加入砂糖、面粉、鸡蛋搅拌均匀成糊状。

（2）下煎锅用油煎成约 20 个圆形玉米饼，也可下油锅炸制。

（3）将玉米饼煎至两面金黄、成熟即可。

例 4　约克郡布丁

原料：面粉 200 g，牛奶 250 mL，鸡蛋 2 个，熟猪油或黄油 25 g，盐适量。

制作过程：

（1）将面粉、鸡蛋、盐及少量牛奶混合，揉制成有光泽的面团。

（2）在面团内逐渐加入剩余的牛奶，并用木勺不断搅拌、抽打，直到有些发泡、呈糊状为止，然后于阴凉处静置 1 h。

（3）将熟猪油或黄油涂于铁皮盘的四周。

（4）将面糊再搅打均匀，倒入铁皮盘内，放入约 200 ℃的焗炉内，焗 15 min 左右，再用小火（约 180 ℃）焗 15 min，直至布丁表面金黄并起发时取出切块即可。

例5 炸脆皮米饭丸子

原料：米饭 500 g，洋葱 50 g，火腿 50 g，黄油 10 g，鸡蛋 2 个，面粉 50 g，面包粉 100 g，盐、胡椒粉、蛋液、植物油适量。

制作过程：

（1）将洋葱切成末，火腿切成小粒。

（2）用黄油将洋葱末炒出香味，但不要上色，加入火腿粒炒匀。

（3）将米饭、鸡蛋、炒好的洋葱末、火腿、盐、胡椒粉混合均匀，制成直径 3~4 cm 的圆球。

（4）将米饭球蘸面粉，拖蛋液，挂上一层面包粉。

（5）将米饭球放入 170 ℃的油锅中炸至金黄色即可。

第十五章

汤菜制作

第一节　制作蔬菜汤

一、蔬菜汤的概念

蔬菜汤是先用油和蔬菜制作汤码，然后再加基础汤调制的汤类。由于这类汤大都带有一些肉类，所以又称肉类蔬菜汤。

蔬菜汤品种很多，而且色泽鲜艳、口味多变、诱人食欲，作为第一道菜非常适宜。根据调制时使用的基础汤品种不同，蔬菜汤又分为牛肉蔬菜汤和鸡肉蔬菜汤。

二、制作实例（用料以 10 份量计算）

例 1　洋葱汤

（1）原料

主料：牛基础汤 2 500 mL。

汤料：洋葱 750 g，油炒面粉 100 g，面包 250 g，奶酪粉 50 g，黄油 50 g，沙拉油 50 mL。

调料：波尔图酒 50 mL，盐 20 g，胡椒粉少量。

（2）制作过程

1）把洋葱切成细丝，用黄油和沙拉油在微火上炒香、炒干。

2）把油炒面粉放入汤锅内，冲入牛基础汤，调入波尔图酒、盐、胡椒粉，搅匀、开透。

3）把面包去掉四边，切成薄片，一面烤至焦黄。

4）把汤盛入耐高温的瓦罐内，上面放面包片，再撒上奶酪粉，然后放入 180 ℃的烤箱中烤 15 min 即成。

注：汤中也可不放油炒面粉，但要多放奶酪粉，用奶酪粉调浓度。

（3）质量标准

色泽：浅褐色。

形态：60 ℃以上时为流体。

口味：浓郁的洋葱香味和奶酪香味，微咸。

口感：香浓润滑，洋葱软而不烂。

例 2　莫斯科红菜汤

（1）原料

主料：牛基础汤 2 500 mL。

汤料：红菜头 400 g，胡萝卜 100 g，洋葱 100 g，洋白菜 300 g，土豆 300 g，番茄 150 g，煮牛肉 150 g，火腿 150 g，泥肠 150 g，番芫荽末 50 g。

调料：黄油 100 g，牛油 100 g，番茄酱 150 g，砂糖 75 g，盐 20 g，白醋 100 mL，酸奶油 100 mL，香叶 2 片。

（2）制作过程

1）把红菜头、胡萝卜、洋葱切成丝，放入部分糖、盐、白醋腌 30 min。

2）用黄油和牛油把洋葱、香叶炒香，放入红菜头、胡萝卜稍炒，加入番茄酱炒透，加入少量牛基础汤焖至表面出红油。

3）把洋白菜切丝，土豆切条，用沸水烫一下，放在焖好的汤码上，倒入牛基础汤，将土豆煮熟，放入番茄块和所有调料开透。

4）把煮牛肉、火腿、泥肠切成片，用汤热透，放在汤盘内，盛上汤，浇上酸奶油，撒上番芫荽末即好。

（3）质量标准

色泽：红艳，有光泽，间有奶油的白色。

形态：流体，表面有少量浮油。

口味：浓香，酸、甜、咸适口。

口感：蔬菜软而不烂。

例 3　牛尾汤

（1）原料

主料：牛基础汤 2 500 mL。

汤料：牛尾 500 g，巴粒米 100 g，洋葱 150 g，胡萝卜 200 g，白萝卜 200 g，土豆 100 g，芹菜 100 g。

调料：黄油 100 g，香叶 4 片，番茄酱 50 g，雪利酒 50 mL，盐 20 g，胡椒粉少量。

（2）制作过程

1）将牛尾刮洗干净，于骨节处切成段，放入少量切碎的洋葱、胡萝卜、芹菜及香叶，上火加水把牛尾煮熟，然后把牛尾冲净晾凉。

2）把巴粒米洗干净，煮熟，然后冲凉、滤净水分。胡萝卜、白萝卜、土豆、洋葱切成丁。

3）把洋葱、香叶用黄油炒香，再加入番茄酱炒透，放入其他蔬菜丁，加入牛基础汤，焖成汤码。

4）在汤码内加入牛基础汤、牛尾、巴粒米，调入雪利酒、盐、胡椒粉，开透即好。

（3）质量标准

色泽：浅红色，间有蔬菜的红白色。

形态：60 ℃以上为流体。

口味：鲜香，微咸。

口感：牛尾软烂，蔬菜鲜嫩。

例 4　米兰蔬菜汤

（1）原料

主料：鸡基础汤 2 500 mL。

汤料：土豆 250 g，豌豆 200 g，番茄 100 g，芹菜 100 g，洋白菜 100 g，胡萝卜 100 g，米饭 50 g，洋葱末 50 g，大蒜末 50 g，培根 50 g。

调料：黄油 100 g，奶酪粉 100 g，盐 15 g，鼠尾草、胡椒粉少量。

（2）制作过程

1）把洋白菜、培根切成丝，其他汤料切成小丁。

2）把洋葱末、大蒜末炒香，放入所有汤料稍炒，放入鸡基础汤把汤料煮熟，再放上米饭、部分奶酪粉及其余调料开透。

3）把汤盛在汤盘内，撒上剩余的奶酪粉即好。

（3）质量标准

色泽：浅黄，间有汤料的各种颜色。

形态：流体，汤、菜搭配均匀。

口味：鲜美，有浓郁的奶酪香味和微咸味。

口感：蔬菜软而不烂。

例 5　农夫蔬菜汤

（1）原料

主料：牛基础汤 2 500 mL。

汤料：土豆 600 g，洋葱 150 g，大葱 150 g，扁豆 100 g，胡萝卜 100 g，芹菜 80 g，洋白菜 100 g，番茄 80 g，培根 80 g，面包 10 小片。

调料：黄油 100 g，奶酪 80 g，盐 15 g，胡椒粉少量。

（2）制作过程

1）把除面包片外的所有汤料都切成小丁，用黄油炒香，放入少量牛基础汤焖 20 min。倒入牛基础汤煮开，放入盐、胡椒粉调味。

2）把奶酪擦成丝，撒在面包片上，放入烤箱内烤黄。

3）把汤盛入汤盘，放上面包片即好。

（3）质量标准

色泽：浅黄色，间有各种蔬菜的颜色。

形态：流体，汤菜搭配均匀。

口味：鲜香，微咸。

口感：蔬菜软烂不碎。

第二节　制 作 冷 汤

一、冷汤的概念

冷汤大多是用清汤或凉开水加上各种蔬菜或少量肉类调制而成的。冷汤的饮用温度以 1~10 ℃为宜，有的人还习惯加冰块饮用。冷汤大多具有爽口、开胃、刺激食欲的特点，适宜夏季食用。

传统的冷汤大都用牛基础汤制作，目前用冷开水制作的比较多。

二、制作实例（用料以 10 份量计算）

例 1　冷红菜头汤（cold borscht）

（1）原料

主料：清水 2 000 mL。

汤料：红菜头 500 g，土豆 200 g，黄瓜 200 g，煮鸡蛋 2 个，青葱末 50 g，茴香末 30 g。

调料：奶油 1 80 mL，白醋 80 g，糖 80 g，盐 20 g，辣椒粉、芥末酱少量。

（2）制作过程

1）把红菜头去皮切小丁，加清水及 40 g 白醋煮熟，再把煮红菜头的汤汁滤出，晾凉后放入冰箱冷却。

2）把土豆、黄瓜切小丁，用水煮熟，晾凉。煮鸡蛋切小丁。

3）把除茴香末外的所有汤料放在一起，倒入红菜头汁，再加上所有调料，搅拌均匀，盛入汤盘，撒上茴香末即好。

（3）质量标准

色泽：艳红，间有各种蔬菜的颜色。

形态：流体，汤与汤料搭配均匀。

口味：清香，酸、甜、咸、微辣。

口感：蔬菜鲜嫩，汤清凉爽口。

注：传统的冷红菜头汤是用牛基础汤制作的，并加煮牛肉。

例 2　番茄冷汤（cold tomato soup）

（1）原料

主料：牛基础汤 2 500 mL。

汤料：番茄 200 g，煮牛肉 200 g，黄瓜 200 g，土豆 260 g，青葱末 100 g，茴香末 50 g。

调料：奶油 200 mL，糖 50 g，盐 20 g，白醋 70 mL。

（2）制作过程

1）把土豆擦成丝，放入牛基础汤中，煮开，过滤，待汤凉后放入冰箱冷却。

2）把番茄去皮，切小丁，煮牛肉、黄瓜切小丁。

3）把切好的汤料放在一起，倒入牛基础汤，加入 100 g 奶油和其他调料，搅拌

均匀。

4）把调好的汤盛入汤盘内，浇上奶油，撒上茴香末即好。

（3）质量标准

色泽：汤色浅黄，间有各种汤料的鲜艳颜色。

形态：流体，汤与汤料搭配均匀。

口味：清香，酸、甜、微咸。

口感：清凉爽口。

例3 农夫冷汤（cold peasant soup）

（1）原料

主料：黄瓜100 g，番茄500 g，青椒100 g，洋葱50 g，大蒜25 g。

汤料：黄瓜80 g，番茄80 g，青椒80 g，面包80 g。

调料：橄榄油200 mL，凉开水1 000 mL，番茄酱50 g，红酒醋30 mL，盐20 g，辣酱油、胡椒粉少量。

（2）制作过程

1）把所有主料切成小块，用搅打器打碎，同时逐渐加入所有调料搅打成细腻的蓉状，放入冰箱冷却。

2）把所有汤料切成小丁，把已冷却的汤盛入汤盘，均匀地撒上汤料即好。

（3）质量标准

色泽：粉红色，有光泽。

形态：半流体。

口味：鲜香，酸咸适口。

口感：细腻，凉滑爽口。

例4 水果冷汤（cold fruit soup）

（1）原料

主料：清水2 500 mL。

汤料：苹果750 g，梨500 g，草莓250 g，玉米粉100 g。

调料：白糖200 g，桂皮粉5 g，盐15 g。

（2）制作过程

1）把苹果、梨去皮，切成小橘子瓣状；草莓洗净，切两半。

2）清水加糖煮沸，放入梨煮10 min，再放苹果、草莓、桂皮粉、盐，沸后用玉米粉调浓度，凉后放入冰箱冷却即成。

（3）质量标准

色泽：浅黄色。

形态：基本为流体。

口味：鲜美甘甜。

口感：水果软烂，汤汁细腻。

第十六章

热菜制作

第一节 制 作 牛 扒

一、牛扒介绍

1. 牛扒的英文名称是 steak，也可译成牛排，但排的形状较薄，如鸡排、猪排等，为了区别，所以一般译为牛扒。

2. 牛扒是典型的西餐主菜，体现了西方人以肉食为主的饮食传统。

3. 牛扒是一种对原料要求严格的菜肴，要选用育肥良好、质地鲜嫩的牛里脊或外脊。

4. 每份牛扒的重量为 150~200 g，其中零点的牛扒以 180 g 的为多。

5. 牛扒是传统菜肴，也是西餐中流传最广泛的菜肴，西餐厅几乎都经营牛扒。

二、制作实例（用料以 4 份量计算）

例 1 煎牛扒黑胡椒少司（法）（fried beef steak with black pepper sauce）

（1）原料

主料：牛里脊 720 g。

辅料：洋葱末 50 g，蒜末 50 g，布朗少司 200 mL。

调料：黄油 200 g，黑胡椒碎粒 80 g，白兰地酒 50 mL，鲜奶油 80 mL，盐 5 g，胡椒粉少量。

配菜：炸土豆条 300 g，时令蔬菜 200 g。

（2）制作过程

1）把牛里脊加工成扒状，撒匀盐、胡椒粉。

2）把牛扒煎上色，并达到要求的成熟度。

3）用黄油把洋葱末、蒜末、黑胡椒碎粒炒香，烹入白兰地酒，加入布朗少司开透，调入鲜奶油，撤离火口，加入软黄油调浓度，即成黑胡椒少司。

4）盘边放上配菜，再放上牛扒，浇上黑胡椒少司即好。

（3）质量标准

色泽：棕褐色，有光泽。

形态：厚饼状，整齐，不裂边。

口味：鲜香、胡椒香，微咸。

口感：鲜嫩多汁。

例 2　煎牛扒牡蛎汁（法）（pan fried beef steak with oyster sauce）

（1）原料

主料：牛里脊肉 720 g。

辅料：牡蛎 320 g，布朗少司 200 mL，洋葱末 50 g。

调料：黄油 200 g，白兰地酒 30 mL，干红葡萄酒 80 mL，盐 5 g，胡椒粉少量。

配菜：烤土豆及时令蔬菜 500 g。

（2）制作过程

1）把牛里脊加工成扒状，撒上盐、胡椒粉，加白兰地酒调味。把牡蛎切成小丁。

2）用黄油炒洋葱末、牡蛎丁，烹入白兰地酒，加入干红葡萄酒、布朗少司煮浓，把其中的 2/3 打成汁。

3）把加工好的肉扒煎至要求的火候，放在盘中间，盘边放上配菜，把打好的汁倒在牛扒旁边，余下的汁浇在牛扒上即好。

（3）质量标准

色泽：棕褐色，有光泽。

形态：厚饼状，平整不裂。

口味：鲜香、酒香，微咸。

口感：鲜嫩多汁。

例 3　铁扒带骨牛扒（法）（grilled T-bone steak）

（1）原料

主料：带骨牛脊肉 800 g。

辅料：布朗少司 200 mL。

调料：白兰地酒 50 mL，奶油 80 mL，盐 6 g，胡椒粉、植物油少量。

配菜：烤土豆及任意蔬菜 400 g。

（2）制作过程

1）把带骨牛脊肉分成 4 等块，横断面朝上，撒上盐、胡椒粉，加白兰地酒，抹上一层植物油稍腌。

2）把带骨牛脊肉放在扒炉上，扒上整齐的焦纹，至所要求的火候。

3）把白兰地酒倒在少司锅内，在火上燃烧，加入布朗少司、奶油、盐、胡椒粉，把汁煮浓即成白兰地少司。

4）把配菜放在盘内，放上带骨牛扒，浇上白兰地少司即好。

（3）质量标准

色泽：棕褐色，有网状焦纹。

形态：长圆饼形。

口味：焦香、酒香，微咸。

口感：外焦里嫩。

例 4　煎牛扒玛莎拉少司（意）（fried beef steak with marsala sauce）

（1）原料

主料：牛里脊肉 720 g。

辅料：培根 40 g，小牛肉汤 200 mL。

调料：黄油 30 g，玛莎拉酒 50 mL，盐 7 g，胡椒粉、植物油少量。

配菜：烤土豆片 150 g，黄油炒芦笋 150 g。

（2）制作过程

1）把牛里脊分成 4 等块，制成扒状，横断面朝上，撒上盐、胡椒粉，四周围上培根片，用食用线系好。

2）用少量油慢慢把牛扒煎至要求的火候。

3）把玛莎拉酒倒在少司锅内，煮干 2/3 水分，加入小牛肉汤，再煮干 1/2 水分，放入盐、胡椒粉，最后放入黄油搅匀即成玛莎拉少司。

4）把配菜放在盘内，放上牛扒，解去食用线，浇上玛莎拉少司。

（3）质量标准

色泽：棕褐色，有光泽。

形态：圆饼状，平整，培根不散落。

口味：鲜香、酒香，微咸。

口感：鲜嫩多汁。

第二节　制作温煮菜肴

一、操作要点

1. 根据不同的原料，温煮的温度应掌握在 70~90 ℃。一般情况下，原料的质地越嫩、体积越小，使用的温度越低。

2. 水与基础汤的用量要适当，以刚刚浸没原料为宜。

3. 烹调过程中要始终保持火候均匀一致，以使原料在相同的时间内同时成熟。

4. 烹调过程中可以加盖保温，但要注意适当打开锅盖，以使原料中的不良气味挥发出去。

二、制作实例（用料以 4 份量计算）

例 1　煮鱼鸡蛋少司（欧陆）（poached fish with egg sauce）

（1）原料

主料：净鱼肉 600 g。

辅料：鸡蛋少司 300 g，鸡基础汤 400 g。

调料：洋葱 20 g，胡萝卜 10 g，芹菜 10 g，柠檬 10 g，香叶 1 片，盐 6 g，白醋、胡椒粉少量。

配菜：煮土豆 200 g。

（2）制作过程

1）把鱼肉加工成块，撒匀盐、胡椒粉。

2）把洋葱、芹菜、胡萝卜、香叶、柠檬放入鸡基础汤内煮沸，然后放入鱼块，调入白醋煮熟。

3）把煮土豆配在盘边，中间放两块煮鱼，浇上鸡蛋少司即好。

（3）质量标准

色泽：乳白色。

形态：块状，整齐不碎。

口味：鲜香，微咸酸。

口感：软嫩适口。

（4）鸡蛋少司的做法

用料：煮鸡蛋50 g，奶油少司200 g，黄油20 g，番芫荽末、洋葱末、盐各少量。

做法：用黄油把洋葱末炒香，放入奶油少司和煮鸡蛋片、盐，热透，再撒上番芫荽末即好。

例2 红酒煮牛扒（法）（poached steak with red wine）

（1）原料

主料：牛里脊600 g。

辅料：布朗少司100 g，黄油50 g。

调料：红葡萄酒100 g，香叶2片，洋葱50 g，百里香、盐、胡椒粉少量。

配菜：煮土豆200 g，黄油炒荷兰豆100 g，胡萝卜100 g。

（2）制作过程

1）把牛里脊分成4份，加工成牛扒状。

2）把红葡萄酒倒入布朗少司内，放入香叶、洋葱煮沸，再放入牛扒，用95 ℃温度煮至客人需要的成熟度。

3）把牛扒捞出放在盘内，配上煮土豆、黄油炒荷兰豆及胡萝卜。

4）把煮牛扒的汤汁煮浓，放入软黄油调匀浇在盘边即好。

（3）质量标准

色泽：棕红色，有光泽。

形态：圆饼状，完整不碎。

口味：酒香浓郁。

口感：鲜嫩多汁。

例3 煮鱼虾卷红花少司（法）（poached sole and prawn with saffron sauce）

（1）原料

主料：比目鱼柳8条，大虾8只。

辅料：奶油少司200 g，鱼清汤200 g，蔬菜100 g。

调料：干白葡萄酒400 g，番红花0.5 g，盐、胡椒粉少量，香叶2片。

配菜：煮土豆200 g，番茄丁50 g，番芫荽末少量。

（2）制作过程

1）用比目鱼柳把大虾卷起，撒上盐、胡椒粉，用锡纸包好。

2）在锅底抹上黄油，放上鱼虾卷、蔬菜、香叶、鱼清汤、部分干白葡萄酒、胡椒粉，用微火把鱼虾卷煮熟。

3）用干白葡萄酒把番红花煮至深红色，倒入奶油少司内，调成奶油红花少司。

4）把鱼虾卷放在盘内，配上煮土豆，浇上奶油红花少司，再撒上番茄丁、番芫荽末即好。

（3）质量标准

色泽：橘红色，有光泽。

形态：卷状，整齐不碎。

口味：浓香，微咸酸。

口感：软嫩多汁。

第三节　制作沸煮菜肴

一、操作要点

1. 沸煮的温度始终保持在 100 ℃或接近 100 ℃。

2. 水与基础汤要完全浸没原料。

3. 要及时除去汤中的浮沫。

4. 在煮制过程中一般不要加盖。

二、制作实例（用料以 4 份量计算）

例 1　煮牛胸配蔬菜（法）（boiled ox breast with vegetable）

（1）原料

主料：牛胸肉 720 g。

辅料：牛基础汤 2 000 mL。

调料：盐 10 g，胡椒粒 1 g，香叶 2 片，洋葱 50 g，芹菜 50 g。

配菜：圆白菜 200 g，土豆 200 g，胡萝卜 200 g，辣根少司 100 g。

（2）制作过程

1）把牛胸肉洗净，加牛基础汤上火加热，汤沸后除净汤沫，放入切碎的洋葱、芹菜及其他调料，用微火煮制。

2）把圆白菜、土豆、胡萝卜切成斜角块，待牛肉快熟时放入汤中，煮至牛肉成熟。

3）把煮好的蔬菜放在盘子一边，牛肉切成片放在中央，浇上少量原汤，配上辣根少司即好。

（3）质量标准

色泽：淡雅原料的本色。

形态：片状，大小均匀。

口味：清鲜，微咸，辛辣。

口感：牛肉烂而不柴，蔬菜软而不烂。

例 2　柏林式酸菜煮猪肉（德）（boiled pork with sour cabbage Berlin style）

（1）原料

主料：带皮猪腿肉 800 g。

辅料：酸白菜 400 g，洋葱 100 g。

调料：盐 60 g，胡椒粒 2 g，香叶 2 片。

配菜：煮土豆 200 g。

（2）制作过程

1）把猪肉洗净，放在锅内。

2）把酸白菜放在猪肉周围，随之放入洋葱丝、香叶、胡椒粒、盐，再加入清水上火加热，用微火把猪肉煮熟。

3）把煮土豆和酸白菜配在盘边，猪肉切成片，放在中央，浇上少量原汤即好。

（3）质量标准

色泽：猪肉、酸白菜均为原色。

形态：厚片状，均匀整齐。

口味：鲜香，酸咸适口。

口感：猪肉软烂不柴，酸菜软而不烂。

（4）酸白菜的做法

用料：净圆白菜 5 000 g，苹果 250 g，胡萝卜 250 g，盐 100 g，香叶 6 片，胡椒粒 10 g，茴香籽 10 g，干辣椒 25 g。

制作过程：

1）把圆白菜、胡萝卜、苹果切成粗丝。

2）把香叶、胡椒粒、茴香籽、干辣椒、盐撒在圆白菜内拌匀。

3）在缸内依次码上圆白菜、胡萝卜、苹果，用力压实，加盖，放在温度36~40 ℃处使其发酵，当汤液发酵出现泡沫时移至1~5 ℃处冷藏保存，凉透即可食用。

第四节　制作蒸类菜肴

一、操作要点

1. 原料在蒸制前要先进行调味。

2. 在蒸制过程中要把容器密封好，不要跑气。

3. 要根据不同的原料掌握火候，原料质地越嫩，使用的温度越低，一般不要超过沸点。

4. 蒸制菜肴不要过火，要以菜肴刚好成熟为准。

二、制作实例（用料以 4 份量计算）

例 1　蒸填馅鸡腿（法）

（1）原料

主料：鸡腿 4 只。

馅料：鸡胸肉 100 g，鸡肝 200 g，洋葱 50 g，鲜蘑 50 g，羊肚菌 50 g。

调料：黄油 80 g，橄榄油 30 mL，鸡汤 300 mL，鲜奶油 400 mL，干白葡萄酒 200 mL，波尔图酒 50 mL，盐 6 g，胡椒粉少量，洋葱末 30 g。

配菜：煮土豆 300 g，胡萝卜 200 g，鲜芦笋 200 g。

（2）制作过程

1）把鸡腿去骨，仅保留少量根部骨头。

2）把馅料都切成小丁，用橄榄油炒香，加波尔图酒、鸡汤煮干，加盐、胡椒粉调味。

3）把馅料填入鸡腿，用线缝好，蒸 15 min。

4）在洋葱末中加入干白葡萄酒、鸡汤，煮去水分，加鲜奶油煮透，加盐、胡椒粉调味，用罗过滤，再加入软黄油调浓度，即成少司。

5）把配菜用黄油炒香，配在盘边，放上鸡腿，浇上少司即好。

（3）质量标准

色泽：鸡腿为浅黄色，少司为乳白色。

形态：鸡腿完整，不破损，不露馅。

口味：肉香、奶香、酒香调和，微咸。

口感：软嫩多汁。

例2 蒸瓤三文鱼、比目鱼（法）

（1）原料

主料：三文鱼 300 g，比目鱼 300 g。

馅料：净鱼肉 300 g，干白葡萄酒 80 g，奶油 80 g，蛋清 80 g，洋葱末、杂香草、盐、胡椒粉少量。

少司料：奶油少司 200 g，煮胡萝卜泥 80 g。

配菜：煮土豆球 200 g，时令蔬菜 200 g。

（2）制作过程

1）把三文鱼、比目鱼片成薄片，撒上盐、胡椒粉，分别放在保鲜纸上。

2）用机器把净鱼肉绞成细馅，依次放入所有馅料，搅打均匀并上劲，分别放在三文鱼、比目鱼上。

3）用保鲜纸把三文鱼、比目鱼包好。

4）把包好的鱼团放入蒸箱内蒸熟。

5）在奶油少司内调入胡萝卜泥，调好浓度，热透，浇在菜盘内。

6）把鱼团外层的保鲜纸剥去，放在盘中央，其他配菜放在盘边即好。

（3）质量标准

色泽：三文鱼为红色，比目鱼为白色。

形态：鱼团圆球状，整齐，表层有光泽。

口味：奶香、酒香，鲜美，微咸。

口感：软嫩适口。

例3 蒸菱鲆鱼配蔬菜少司（法）

（1）原料

主料：净菱鲆鱼片 750 g。

少司料：大蒜 20 g，红辣椒 10 g，洋葱 30 g，芹菜 30 g，茴香 20 g，红甜椒 30 g，

青甜椒 30 g，节瓜 30 g。

　　调料：红酒醋 10 g，茴香酒 10 g，基础汤 100 g，橄榄油 100 g，水瓜纽、盐、胡椒粉、百里香、罗勒适量。

　　配菜：炒番茄 600 g。

　　（2）制作过程

　　1）鱼片抹上橄榄油，放上百里香腌入味。

　　2）把百里香从鱼片上取下，撒上盐、胡椒粉，然后放入蒸箱内蒸熟。

　　3）把所有少司料都切成小丁，用橄榄油炒香，放入所有调料煮透，再用搅打器打成汁。

　　4）把炒番茄放在盘边，中间放上鱼，再把蔬菜汁浇在四周即好。

　　（3）质量标准

　　色泽：鱼为乳白色，配菜为红色。

　　形态：鱼为片状，整齐不碎。

　　口味：鲜香及适口的酸咸味。

　　口感：软嫩多汁。

第五节　制作烩类菜肴

一、操作要点

　　1. 少司用量不宜多，以刚好覆盖原料为宜。

　　2. 烩制菜肴可在灶台上进行，少司的温度保持在 80~90 ℃。这种方法便于掌握火候，但较费人力。

　　3. 烩制菜肴还可在烤箱内进行，烤箱的温度最高为 180 ℃，少司的温度可控制在 90 ℃左右。

　　4. 在烩制的过程中要加盖。

　　5. 烩制的菜肴大部分要经过初步热加工。

二、制作实例（用料以 4 份量计算）

例 1 莳萝烩海鲜（法）

（1）原料

主料：新鲜净鱼肉 300 g，大虾 150 g，扇贝 150 g。

辅料：奶油少司 350 g，洋葱 80 g，大蒜 40 g。

调料：黄油 50 g，白葡萄酒 50 g，白兰地酒 10 g，莳萝 1 g，奶油 30 g，盐 7 g。

配菜：黄油米饭 350 g。

（2）制作过程

1）把净鱼肉、大虾和扇贝切成丁，洋葱和大蒜切成末。

2）把洋葱末、蒜末用黄油炒香，放入海鲜丁稍炒，烹入白兰地酒和白葡萄酒，放入奶油少司和莳萝，热透，调入盐和奶油，开透即可。

3）盘边配上米饭，盛入烩海鲜即可。

（3）质量标准

色泽：乳白色，有光泽。

形态：海鲜刀口均匀，整齐不碎，表层裹满少司。

口味：鲜香，间有莳萝的香味及适口的酸咸味。

口感：鱼肉鲜嫩，少司细腻。

例 2 橙汁烩鸭（法）

（1）原料

主料：嫩鸭 600 g。

辅料：鲜橙 200 g，洋葱末 50 g，鸭烧汁 200 mL。

调料：橙子酒 80 mL，番茄酱 50 g，蜂蜜 30 g，盐 7 g，糖 10 g，黄油 100 g，沙拉油 100 g，胡椒粉少量。

配菜：烤土豆片及时令蔬菜。

（2）制作过程

1）把鲜橙去皮、榨成汁，橙皮切细丝加清水煮软。

2）把鸭子剁成块，撒匀盐、胡椒粉，用沙拉油煎上色。

3）用黄油炒洋葱末、番茄酱，放入鸭块，加入鸭烧汁、橙皮水、橙汁、橙子酒、蜂蜜、盐、糖、胡椒粉，把鸭子烩熟。

4）把鸭子放在盘中，浇上原汁，旁边放上配菜即好。

（3）质量标准

色泽：棕红色，有光泽。

形态：鸭块均匀整齐，表层裹满少司。

口味：香味浓郁，有明显的酒香和橙子香味。

口感：鸭子软烂不干。

例3　咖喱鸡（欧陆）

（1）原料

主料：净鸡 800 g。

辅料：咖喱少司 100 mL，土豆 100 g。

调料：沙拉油 100 mL，盐 8 g，咖喱粉、胡椒粉少量。

配菜：黄油炒米饭 750 g。

咖喱小料：炸干葱、炸葡萄干、炸杏仁、烤花生粒、黄瓜皮丁、番茄丁等共 300 g。

（2）制作过程

1）把鸡剁成块，撒上盐、咖喱粉、胡椒粉拌匀。土豆切成块。

2）把鸡块用沙拉油煎上色，控净油，放入咖喱少司，如少司稠可加些鸡汤，并放入土豆块在微火上加热。也可加些奶油调味，并用油炒面粉调浓度，直至把土豆和鸡烩熟。

3）盘边配上米饭，盛上咖喱鸡，咖喱小料单上。

（3）质量标准

色泽：黄绿色，有光泽。

形态：块状，均匀，表层裹满少司。

口味：浓香，辛辣，微咸。

口感：鸡肉软烂，少司细腻。

例4　匈牙利烩牛肉（匈）

（1）原料

主料：牛胸肉 800 g。

辅料：洋葱 200 g，青椒 300 g，番茄 200 g，土豆 100 g，油炒面粉 20 g。

调料：盐 7 g，牛膝草、红椒粉、小茴香少量，沙拉油 50 g，胡椒粉微量，酸奶油 30 g。

配菜：炒匈牙利面片或米饭 300 g。

（2）制作过程

1）把牛肉切成块，撒匀盐和胡椒粉，用沙拉油煎上色，放入锅内，加适量水。将洋葱和番茄切块，放入锅内，放入牛膝草、红椒粉和小茴香，用微火焖至七成熟。

2）把土豆和青椒切成块，放入牛肉锅内，调入酸奶油，再用油炒面粉调浓度，把牛肉、土豆烩熟。

3）盘边配上炒匈牙利面片或米饭，盛上烩牛肉即可。

（3）质量标准

色泽：浅褐色。

形态：块状，均匀，表层裹满少司。

口味：浓香，微咸。

口感：软烂不柴。

例5　土豆烩羊肉（英）

（1）原料

主料：小羊前腿肉600 g。

辅料：土豆200 g，胡萝卜50 g，洋白菜100 g，洋葱30 g，奶油少司50 g。

调料：黑胡椒粒5 g，盐7 g，胡椒粉、番芫荽末、百里香少量。

配菜：米饭350 g。

（2）制作过程

1）把羊肉用清水加黑胡椒粒煮至七成熟，羊肉捞出切成块，黑胡椒用罗滤出。

2）把土豆、洋白菜和洋葱切成块，胡萝卜切成段，和羊肉放在一起，用煮羊肉的原汤加热，沸后调入盐、胡椒粉和百里香，焖至羊肉熟透、蔬菜已软，放入奶油少司使汁液浓稠，撒上番芫荽末。

3）盘边配上米饭，均匀地盛上羊肉和蔬菜即好。

（3）质量标准

色泽：浅褐色。

形态：块状，均匀整齐，表层有少司。

口味：浓香，微咸。

口感：羊肉软烂不柴，蔬菜软而不烂。

例6　红酒烩兔肉（法）

（1）原料

主料：兔肉800 g。

辅料：洋葱200 g，胡萝卜200 g，芹菜200 g，李子干150 g，培根150 g，鸡汤100 mL。

调料：干红葡萄酒 100 mL，红酒醋 40 mL，橄榄油 40 mL，沙拉油 100 g，盐 7 g，迷迭香、胡椒粉少量。

配菜：黄油米饭及时令蔬菜适量。

（2）制作过程

1）把兔肉加工成块，撒上盐和胡椒粉。把洋葱、胡萝卜和芹菜切成丁。

2）把一半蔬菜放在容器内，上面放兔肉，再放余下的蔬菜，然后加入干红葡萄酒、红酒醋和橄榄油腌 12 h。

3）把腌过的兔肉用沙拉油煎上色，再放上培根片及腌肉的蔬菜炒熟，然后放入腌肉汁、迷迭香和鸡汤焖 30~40 min。

4）把兔肉捞出，原汤放入李子干煮 15 min，加盐和胡椒粉调味，再放入兔肉烩熟。

5）把黄油米饭盛在盘边，中央放兔肉及原汁，四周配时令蔬菜。

（3）质量标准

色泽：暗红色，有光泽。

形态：块状，整齐，表面裹满少司。

口味：浓郁的酒香及适口的酸咸味。

口感：兔肉软烂不干。

第六节　制作焖类菜肴

一、操作要点

1. 基础汤用量要适当。根据不同的原料，使汤汁没过原料的 1/2 或 1/3。
2. 焖制前要用油对原料进行初步热加工，使原料表层结成硬壳，以便保持水分。
3. 焖制前要先在炉灶上把汤加热至沸，再加盖放入烤箱焖制。
4. 焖制后再用原料调制少司。

二、制作实例（用料以 4 份量计算）

例 1　焖比目鱼白酒汁（法）（braised sole with white wine sauce）

（1）原料

主料：净比目鱼肉 4 条，约 600 g。

辅料：洋葱 80 g，番茄 100 g，鲜蘑 50 g，番芫荽 30 g，大蒜 2 瓣，鱼基础汤 300 mL。

调料：黄油 100 g，干白葡萄酒 200 mL，鲜奶油 200 mL，盐 7 g，柠檬汁、胡椒粉少量，沙拉油 100 mL。

配菜：煮土豆及时令蔬菜。

（2）制作过程

1）在鱼肉上撒匀盐、胡椒粉，再把尾部折回，用沙拉油煎上色。

2）把大蒜汁液涂在烤盘上，再抹上一层黄油。

3）把番茄、洋葱、鲜蘑切成小丁，番芫荽切成末，撒在烤盘上，放上鱼，倒入鱼基础汤、干白葡萄酒，在炉灶上热开后盖上油纸，放入 180 ℃ 烤箱内焖熟。

4）把鱼肉取出，汁液过罗，放入鲜奶油、柠檬汁、盐、胡椒粉煮透，再调入软黄油，即成少司。

5）把鱼肉放在盘中间，浇上少司，盘边配上煮土豆及时令蔬菜即好。

（3）质量标准

色泽：乳白色，有光泽。

形态：鱼为长方块，完整不碎。

口味：鲜香，酒味浓郁，微咸酸。

口感：软嫩多汁。

例 2　奶油龙蒿焖鸡（法）（braised chicken with cream tarragon sauce）

（1）原料

主料：鸡腿 4 个。

辅料：奶油少司 400 mL，洋葱 80 g。

调料：黄油 50 g，干白葡萄酒 80 mL，鸡基础汤 200 mL，鲜龙蒿 50 g，盐 7 g，胡椒粉少量，沙拉油 100 mL。

配菜：黄油米饭 200 g，炒菠菜叶 150 g。

（2）制作过程

1）把鸡腿从关节处切断，加入盐、胡椒粉、龙蒿腌 4 h，用沙拉油煎上色。

2）把洋葱切成丝，和龙蒿一起用黄油炒出香味，放入白葡萄酒，待酒变浓后放入煎好的鸡腿，再放入鸡基础汤，上火煮开后放入 180 ℃ 烤箱焖 10 min。

3）把焖好的鸡放在少司锅内，汤汁过罗，再放入奶油少司、盐、胡椒粉热透。

4）盘边放上黄油米饭和炒菠菜叶，盘中间放上鸡腿，浇上少司即好。

（3）质量标准

色泽：乳白色，有光泽。

形态：块状，整齐，少司为半流体。

口味：浓香、酒香、龙蒿香，微咸。

口感：软嫩多汁。

例3 红酒汁焖猪排卷（意）（braised pork loin roll with red wine sauce）

（1）原料

主料：猪通脊肉1条。

辅料：菠菜叶50 g，猪肥膘80 g，洋葱50 g，胡萝卜50 g，芹菜50 g，鲜蘑20 g，布朗少司200 mL，基础汤200 mL。

调料：黄油100 g，沙拉油100 mL，干红葡萄酒100 mL，洋葱末50 g，盐8 g，胡椒粉少量。

配菜：黄油炒面条200 g。

（2）制作过程

1）把洋葱、胡萝卜、芹菜、鲜蘑切成丝，用黄油炒香，放入干红葡萄酒、盐、胡椒粉炒成馅。

2）把猪通脊肉片成大片，撒匀盐、胡椒粉，码上猪肥膘，铺上一层烫过的菠菜叶，再倒上炒好的馅，卷成卷，用线绳捆好。

3）把肉卷用沙拉油煎上色，放入烤盘，倒上基础汤，盖上锡纸，入烤箱焖熟。

4）用干红葡萄酒煮洋葱末，加布朗少司及焖肉原汁，放盐、胡椒粉调味，放黄油调浓度。

5）把肉卷切成厚片，码在盘内，盘边配黄油炒面条，浇上布朗少司即成。

（3）质量标准

色泽：肉为褐色，间有蔬菜的红绿色。

形态：厚片状，整齐不散。

口味：浓香、酒香，微咸。

口感：软嫩适口。

例4 罐焖牛肉（俄）（braised beef in a crock）

（1）原料

主料：牛肉800 g。

辅料：土豆200 g，洋葱100 g，胡萝卜100 g，芹菜50 g，番茄80 g，鲜蘑50 g，豌豆50 g，蒜蓉10 g，布朗基础汤400 mL，油炒面粉50 g，沙拉油100 mL。

调料：黄油 80 g，番茄酱 50 g，红葡萄酒 100 g，辣酱油 20 g，盐 7 g，糖 10 g，胡椒粒 2 g，胡椒粉少量。

（2）制作过程

1）把牛肉切成块，撒匀盐和胡椒粉，用沙拉油煎上色，加适量水，放上部分洋葱、芹菜、胡萝卜、盐，沸后加盖，入 180 ℃烤箱中焖至八成熟。

2）把洋葱、土豆、番茄、胡萝卜切成条，芹菜切成段。用黄油把洋葱炒香，放入番茄酱，炒至油呈红色，倒入锅内，放入油炒面粉，倒入布朗基础汤，搅拌均匀，再放入胡萝卜、芹菜、蒜蓉，调入红葡萄酒、辣酱油、盐、糖，开透做成少司。

3）在焖罐内依次放入土豆、牛肉，倒入少司，上面放番茄、豌豆、鲜蘑，加盖放入烤箱内，把肉焖熟。

（3）质量标准

色泽：少司为红色，间有主辅料的多种颜色。

形态：汤汁呈稀少司状，没过牛肉，表层无浮油。

口味：浓香，酸、甜、咸各味协调。

口感：牛肉软烂不干，蔬菜软而不烂。

例 5　焖牛舌（法）（braised ox tongue with tomato sauce）

（1）原料

主料：牛舌 600 g。

辅料：洋葱 50 g，芹菜 50 g，胡萝卜 50 g，番茄 100 g，培根 100 g，面粉 50 g，牛基础汤 400 mL。

调料：黄油 80 g，干红葡萄酒 400 mL，香叶 2 片，盐 8 g，胡椒粉少量，番茄酱 50 g。

配菜：小洋葱 200 g，时令蔬菜 200 g。

（2）制作过程

1）把牛舌加工干净，煮 1 h，剥去外皮。番茄去皮切碎。

2）把洋葱、胡萝卜、芹菜、培根切成丝，和香叶一起用黄油炒香，加入面粉稍炒，放入番茄酱、番茄、干红葡萄酒、牛舌、牛基础汤、盐、胡椒粉煮透，再放入 180 ℃的烤箱中焖 3~4 h。

3）把小洋葱根部切十字口，时令蔬菜切条用开水烫软，加少量焖牛舌的调味汁热透。

4）把牛舌捞出，切厚片，放在盘中，汁液过罗浇在牛舌上，小洋葱及蔬菜配在盘边即好。

（3）质量标准

色泽：深红色，有光泽。

形态：牛舌呈厚片状，整齐不碎。

口味：浓香、酒香，微咸酸。

口感：牛舌软烂，少司细腻。

第十七章

第一节 制 作 冷 菜

一、胶冻类菜肴

胶冻类菜肴是用提炼的动物胶质把加工成熟的原料制成透明的冻状类冷菜。

1. 胶冻类菜肴制作的一般过程

（1）将原料加工成熟。

（2）调制胶冻汁。

（3）将加工成熟的原料切配、拼摆成型，然后浇上胶冻汁，放入冰箱冷却凝固成冻。

2. 制作原理

胶冻类菜肴的制作主要是利用了蛋白质的胶凝作用。制作胶冻的胶质是从肉皮、鱼皮等原料中提炼的明胶。明胶能溶于热水，形成胶体溶液。一般溶液整个体系是均匀的，但胶体溶液是不均匀的，分为连续相与分散相。在胶冻中，蛋白质是连续相，其分子结成长链，形成网状结构；水分子是分散相，分散在蛋白质颗粒之间，冷却后可以牢固地保持在蛋白质的网状结构中，从而形成胶冻状态。

3. 胶冻汁的制作

调制胶冻汁的原料主要有鱼胶粉和结力片两种，其调制方法基本相同。

用料：鱼胶粉 50 g，煮料原汤 500 mL，蛋清 1 个。

制作过程：

（1）在鱼胶粉中加入煮料原汤。

（2）将蛋清略微打起，加入汤内。

（3）小火加热，微沸，至蛋白与汤中杂质结为一体时用纱布过滤即可。

4. 制作实例

例 1　火腿猪肉冻（ham pork in aspic）

（1）原料

主料：火腿 500 g，猪通脊肉 500 g。

辅料：胶冻汁 500 mL，豌豆 50 g，黄瓜 100 g，胡萝卜 50 g，洋葱 50 g，芹菜 25 g。

调料：盐、胡椒粒、香叶适量。

（2）制作过程

1）将猪通脊肉放入锅内，加水、香叶、胡椒粒、盐及胡萝卜、洋葱、芹菜等煮熟，晾凉。

2）将火腿、熟猪肉切成丁。

3）在圆模底部浇上一层胶冻汁，冷藏凝固后取出。在胶冻上贴上胡萝卜片、黄瓜片及豌豆等装饰出花纹，再浇上一层胶冻汁，入冰箱冷藏，凝固后取出。

4）再放上火腿丁、猪肉丁，然后用胶冻汁将圆模注满，入冰箱冷藏，使其完全凝固。

5）食用时，将圆模浸入温水中稍加热，扣出肉冻即可。

（3）质量标准

色泽：鲜艳，晶莹透明。

形态：圆形，固定不散。

口味：鲜香，微咸。

口感：肉质鲜嫩，胶冻挺实。

例 2　鸡丁结力糕（chicken in aspic）

（1）原料

主料：熟鸡胸肉 200 g。

辅料：胶冻汁 50 mL，胡萝卜 50 g，蘑菇 50 g，豌豆 50 g，土豆 50 g。

调料：马乃司 100 mL，盐、胡椒粉适量。

（2）制作过程

1）将胡萝卜、土豆去皮后切成丁，蘑菇切成片，熟鸡胸肉切成丁。

2）用盐水将胡萝卜丁、土豆丁、豌豆、蘑菇煮熟，晾凉。

3）将鸡肉丁与蔬菜混合，加入马乃司、盐、胡椒粉和胶冻汁，搅拌均匀。

4）将混合物放入抹油的圆模内压实，入冰箱冷藏，使其凝固。

5）食用时扣于盘内即可。

（3）质量标准

色泽：鲜艳，淡黄色。

形态：圆形，整齐不散。

口味：鲜香，有适口的咸酸味。

口感：鸡肉鲜嫩，清凉爽口。

例3 龙虾冻（lobster in aspic）

（1）原料

主料：龙虾1只，胶冻汁750 mL。

辅料：马乃司150 g，黑鱼子100 g，红鱼子100 g，煮鸡蛋4个，生菜叶适量。

调料：盐10 g，胡椒粒10粒，香叶1片，白醋适量，蔬菜（胡萝卜、芹菜、洋葱）75 g。

（2）制作过程

1）把龙虾洗净，放入锅内，加入水、蔬菜、香叶、胡椒粒、盐、白醋煮熟，并在原汤内晾凉，剥去龙虾壳，将虾肉取出。

2）将龙虾肉切成圆片，入冰箱凉透。

3）将100 mL的胶冻汁加入马乃司内搅匀，浇在龙虾肉上，再入冰箱冷藏使其冻结。

4）冻结后的龙虾肉用蔬菜点缀，然后放回龙虾壳内，再浇上一层胶冻汁，入冰箱冷藏冻结。

5）将剩余的胶冻汁浇在盘底，冻结后再把龙虾放上，周围配上黑鱼子、红鱼子、煮鸡蛋、生菜叶等作为装饰。

（3）质量标准

色泽：鲜艳，晶莹透明。

形态：整龙虾状，图案美丽。

口味：鲜香，微咸酸。

口感：龙虾肉鲜嫩，胶冻挺实。

例4 海鲜蔬菜冻（seafood vegetable in aspic）

（1）原料

主料：大虾200 g，鲜贝200 g。

辅料：西蓝花 400 g，胡萝卜 200 g，胶冻汁 500 mL。

调料：盐、胡椒粒适量，干白葡萄酒 50 mL，蔬菜（胡萝卜、洋葱）、香叶适量。

（2）制作过程

1）西蓝花洗净后分成小朵，胡萝卜去皮后切成约 0.5 cm 厚的片，分别用盐水煮熟、清水冲凉后，再用布擦干水。

2）将鲜贝、大虾洗净，放入锅内，加水、胡萝卜、洋葱、胡椒粒、盐、干白葡萄酒、香叶煮熟，并在原汤内晾凉。

3）将鲜贝取出，横切成两片；将大虾剥去外壳，剔除虾线。

4）将长方形模具擦净，在模具底部将西蓝花朵朝下摆满一层，然后往上依次摆胡萝卜片、鲜贝、大虾、鲜贝、胡萝卜片，最后再用西蓝花朵朝上摆满一层。将胶冻汁浇入模具内。

5）在模具上部盖上保鲜膜，然后压上重物，入冰箱冷藏，使其完全凝结。

6）食用时，将模具放入温水中浸泡数秒，扣出模具，切成 2 cm 厚的片。

（3）质量标准

色泽：鲜艳，晶莹透明。

形态：片状，整齐不碎。

口味：鲜香，微咸。

口感：清凉爽口。

例 5　鹅肝冻（foie gras in aspic）

（1）原料

主料：鹅肝 750 g，胶冻汁 250 mL。

辅料：猪肥膘肉 500 g，鲜奶油 200 mL，基础汤 750 mL，黄油 250 g，洋葱 100 g，胡萝卜、番芫荽、糖色少量。

调料：雪利酒 50 mL，盐、胡椒粉、豆蔻粉适量。

（2）制作过程

1）将鹅肝去筋、去胆，洗净后切成块。将猪肥膘肉切块，洋葱切块。

2）将猪肥膘肉放入煎锅内，中火煎，当煎出部分油脂后加入洋葱块炒软，再加入鹅肝稍炒，加入豆蔻粉、盐、胡椒粉、雪利酒、基础汤，小火焖 3 h 左右至熟，然后冷却。

3）将焖熟的鹅肝去掉洋葱，放入绞肉机绞碎，过细筛，剔除粗质，加入黄油和打起的鲜奶油调和均匀，放入冰箱冷藏。

4）将模子擦净，加入少许胶冻汁打底，放入冰箱冷藏。待胶冻汁将凝结时取出，

用胡萝卜、番芫荽等装饰成花纹贴在胶冻上，再倒上一层胶冻汁，将花纹盖没，再入冰箱冷藏。

5）待胶冻凝结后，倒满鹅肝酱压实，再浇一层稍厚的加入糖色的胶冻汁，放入冰箱冷藏，使其完全凝结。

6）食用时将模子放入温水内稍泡，脱出模子即可。

（3）质量标准

色泽：咖啡色，通体透明。

形态：块状，整齐不散。

口味：鲜香，微香。

口感：爽滑细腻。

例 6　鳜鱼冻（cold mandarin fish in aspic）

（1）原料

主料：鲜鳜鱼 1 条。

辅料：虾 150 g，面包 100 g，牛奶 150 mL，蛋黄 1 个，马乃司 500 mL，胶冻汁 750 mL，装饰用的蔬菜适量。

调料：盐、胡椒粉适量。

（2）制作过程

1）将鳜鱼去内脏、去鳞、去鳃，剪去背鳍，保留头尾，洗净后用沸水稍烫，以去除其黏液。

2）虾去壳、去虾线，剁成泥。面包用牛奶浸软后滤干。

3）将虾泥、面包、蛋黄、盐、胡椒粉放在一起搅匀、上劲，塞入鱼肚内，然后用干净纱布将鱼包好。

4）入蒸箱，大火蒸 20 min 左右至熟，取出冷却后小心去掉纱布，放入冰箱内冷藏。

5）将马乃司与部分胶冻汁混合，拌匀。

6）将鱼从冰箱中取出，浇上马乃司与胶冻汁的混合物，要将鱼身浇满、浇匀，然后入冰箱冷藏凝结。

7）待其凝结后取出，用蔬菜装饰，再浇上剩下的胶冻汁，入冰箱冷藏。

（3）质量标准

色泽：鲜艳，晶莹通透。

形态：呈鱼形，整齐不碎。

口味：鲜香，微咸。

口感：鱼肉鲜美、爽口。

二、其他冷菜

在西餐冷菜中还有一些腌制菜肴、冷头盘及油浸菜肴等。

例1　大虾头盘（prawn cocktail）

（1）原料

主料：大虾100 g。

辅料：千岛少司或海鲜头盘少司125 mL，生菜叶2片，柠檬片1片。

（2）制作过程

1）将大虾煮熟，去肉，剔除虾线。

2）将生菜叶洗净，控干水分，撕成碎片，放入2 cm深的鸡尾酒杯中。

3）杯中加入大虾肉及千岛少司。

4）柠檬片放在杯子边作为装饰。

（3）质量标准

色泽：红绿相间。

形态：大虾肉整齐不碎。

口味：鲜香，微酸咸。

口感：虾肉鲜嫩，滑爽适口。

例2　瓤馅鸡蛋（stuffed egg）

（1）原料

主料：煮鸡蛋2个。

辅料：马乃司20 mL。

调料：盐、胡椒粉、黄油适量。

（2）制作过程

1）将鸡蛋去皮，用刀横切，一分为二。

2）取出蛋黄，并将蛋黄过细筛，然后加入马乃司、黄油、盐、胡椒粉拌匀。

3）用挤袋将蛋黄馅挤入蛋白内即可。

（3）质量标准

色泽：黄白相间。

形态：整齐，均匀。

口味：鲜香，微咸。

口感：绵软细腻。

例 3　咖喱油菜花（cauliflower in curry）

（1）原料

主料：菜花 1 500 g。

调料：咖喱粉 50 g，植物油 150 g，洋葱 50 g，姜 20 g，蒜 15 g，香叶 1 片，干辣椒 1 个，盐、清汤适量。

（2）制作过程

1）菜花洗净后，分成小朵，用水煮熟、断脆，控干水分，加盐拌匀入味。

2）将洋葱、姜、蒜切成末，用植物油、干辣椒、咖喱粉炒香，再加入清汤，在微火上煮至浓稠，过筛后即成咖喱油。

3）将咖喱油浇在菜花上，搅拌均匀。

4）食用时，将菜花码在碗内或扣于盘上，周围用生菜装饰。

（3）质量标准

色泽：金黄色。

形态：菜花原形，表层裹有咖喱汁。

口味：清鲜，香郁，微咸辣。

口感：脆嫩可口。

例 4　泡菜（pickle vegetable）

（1）原料

主料：洋白菜 2 500 g，菜花 500 g，胡萝卜 500 g，洋葱 500 g，黄瓜 500 g，芹菜 500 g，青椒 500 g。

调料：砂糖 500 g，醋精 250 mL，丁香 5 g，香叶 5 片，干辣椒 10 g，盐适量。

（2）制作过程

1）将洋白菜、胡萝卜、洋葱、黄瓜、青椒切成片，芹菜切成段，菜花分成小朵。

2）将蔬菜分别用水烫熟、断脆，捞出，用冷水冲凉，滤净水分，装入耐酸容器内。

3）把香叶、丁香、干辣椒放入锅内，用水煮 1 h，并加入砂糖、醋精、盐调味，晾凉后倒入装菜的容器内，并用重物压实，入冰箱冷藏 24 h 后即可食用。

（3）质量标准

色泽：艳丽多彩。

形态：片状，整齐均匀。

口味：酸甜适口。

口感：脆嫩爽口。

例 5　莳萝腌三文鱼（salmon with dill）

（1）原料

主料：净三文鱼 1 500 g。

调料：鲜莳萝 10 g，胡椒末 10 g，粗盐 15 g，砂糖 10 g，沙拉油 50 g。

配菜：生菜叶、柠檬片适量。

（2）制作过程

1）将三文鱼去骨，带皮洗净。

2）把粗盐、砂糖、胡椒末、莳萝撒在鱼肉上搓均匀，用保鲜膜封好，压上重物，入冰箱冷藏 24 h。

3）取出后去掉保鲜膜，再浇上沙拉油腌 24 h。

4）食用时，将三文鱼切成薄片，配上生菜叶和柠檬片。

（3）质量标准

色泽：鱼肉粉红，莳萝深绿。

形态：薄片状，整齐不碎。

口味：清香，辛辣，微咸。

口感：软嫩多汁。

第二节　制 作 早 餐

一、煎蛋卷制作实例

煎蛋卷（omelet）是西式早餐中常见的蛋类制品之一，其形状有呈椭圆形棱状的蛋卷和呈半圆形或扇形平面状的蛋角两种。

例 1　蘑菇煎蛋卷（mushroom omelet）

（1）用料

鸡蛋 2~3 个，蘑菇 20 g，黄油 10 g，盐、胡椒粉、威士忌酒少量。

（2）制作过程

1）将蘑菇洗净，切成片，用少量油炒一下，加盐、胡椒粉调味。

2）将鸡蛋打入盆内，加入盐、胡椒粉、威士忌酒打散，直至蛋清、蛋黄混为一体。

3）将煎盘加热，放入黄油，待黄油冒泡时加入蛋液。

4）用肉叉连续不断地搅动蛋液，直至混合物轻微凝固，加入炒好的蘑菇片。

5）撤火，将蛋饼翻过 1/3。

6）倾斜煎盘，并轻敲煎盘，使蛋饼完全卷起呈椭圆形。

7）将蛋卷取出，放入盘内。

用同样的方法还可制成奶酪煎蛋卷、番茄煎蛋卷、杂香草煎蛋卷等。

例 2 洋葱培根煎蛋卷（onion bacon omelet）

（1）用料

鸡蛋 8 个，洋葱丝 50 g，培根 20 g，黄油 50 g，盐、胡椒粉、威士忌酒少量。

（2）制作过程

1）将洋葱丝用黄油炒软。将培根切成丁。

2）将鸡蛋打入碗内，加入盐、胡椒粉、威士忌酒打散，使蛋清、蛋黄混为一体。

3）将煎盘加热，放入黄油，待黄油冒泡时加入蛋液。

4）用肉叉连续不断地搅动蛋液，直至混合物轻微凝固，放上洋葱丝、培根丁。

5）用力敲打煎盘底部，使蛋饼松散，且不粘锅底。

6）用铲子将其翻过一半，呈半月形。

7）取出，放入盘内即可。

用同样的方法还可以制成土豆煎蛋卷、鸡肝煎蛋卷等。

二、谷物类早餐制作实例

西式早餐中常见的谷物类制品主要是燕麦粥、麦片粥、薄饼、华夫饼和面包等。

例 1 麦片粥

（1）用料

麦片 50 g，牛奶 150 mL，糖 30 g，黄油 5 g，盐、清水适量。

（2）制作过程

1）将麦片用清水泡软后，上火煮沸。

2）倒入牛奶，小火煮 10 min。

3）加入黄油、糖、盐，开透即可。

例 2 煎面包片

（1）用料

白面包 60 g，鸡蛋 1 个，牛奶 30 mL，果酱 5 g，白糖 5 g，植物油、糖粉、香草粉适量。

（2）制作过程

1）将白面包切成两片，一边不要切断，中间抹上果酱。

2）将鸡蛋、牛奶、白糖、香草粉调匀，将面包片放入其内泡透。

3）油温 120 ℃左右，将面包片两面煎成金黄色，沥去油。

4）放入盘内，撒上糖粉即可。

例 3　薄饼

（1）用料

面粉 500 g，砂糖 150 g，牛奶 750 mL，鸡蛋 5 个，糖粉 50 g，盐、植物油适量。

（2）制作过程

1）将砂糖和盐用少量牛奶溶化，鸡蛋打散并加入剩余的牛奶与砂糖等一起混合，然后慢慢倒入面粉内搅匀，过筛，成为薄饼面糊。

2）将薄饼盘烧热，淋少许油，注入一小勺面糊，轻轻转动薄饼盘，摊成圆形薄饼。

3）小火煎制，至饼呈嫩黄色时，将薄饼翻转煎另一面，至上色。

4）食用前将薄饼卷成长卷或折成三角形，用少许黄油略煎一下，放入盘内，撒上糖粉。

在此基础上还可以制成苹果薄饼、橘子薄饼、诺曼底薄饼等多种薄饼。

例 4　华夫饼

（1）用料

面粉 500 g，鸡蛋 4 个，牛奶 300 mL，砂糖 100 g，植物油 150 g。

（2）制作过程

1）面粉过筛后，加入砂糖、打散的鸡蛋、牛奶，慢慢地搅拌均匀。注意不宜拌制过多。

2）将华夫饼夹烧热，上下两面刷油，倒入一勺拌好的原料，将其夹起，烘炙，待饼呈黄色、熟透时取出即好。

第十八章

第一节　厨房一般用语

早安，师傅。菜单在哪里？

Good morning, master. Where is the menu?

这是今天的菜单吗？

Is it today's menu?

请把宴会菜单给我。

Please give me the menu for the banquet.

宴会每人的标准是多少？

How much does the guest pay for each person?

那个客人的沙拉做好了吗？

Is that guest's salad ready?

现在可以上菜了吗？

Can I bring you order now?

请问客人有什么特殊要求吗？

Can you tell me if the guest has any special requests?

对不起。您能帮助一下吗？

Excuse me. Would you please give me a hand?

请把调料取过来。

Fetch the seasoning please.

让我看看菜单，好吗？

Could I have the menu please?

请问今天有多少客人就餐？

How many people are there in this party?

请问这道菜的成本是什么？

Can you tell me the cost of this course?

这道菜应加一些香草和白兰地。

This dish needs some vanilla and brandy.

这道菜放糖了吗？

Is there any sugar in this dish?

将鱼放入煎盘，加足够的水浸没。

Place fish in saucepan, immerse it with enough water.

将胡萝卜切成 5 mm 厚的片。

Cut the carrots into slices 5 mm of thickness.

放入 230 ℃烤箱内烘烤 10 min，直至金黄色。

Bake in oven at 230 ℃ for about 10 minutes until golden.

将面粉筛入碗内，再加入鸡蛋。

Sift flour into a bowl and add some eggs.

在小碗内混合所有的材料。

Mix all ingredients in a small bowl.

撤火，逐渐调入水或基础汤。

Remove from heat, and gradually stir in water or stock.

用肉锤敲碎蟹钳，取出蟹肉。

Use meat mallet to break claws, and remove meat from claws.

这道菜口味太甜了，应再酸点。

It tastes too sweet, it should be a bit sour.

烤箱的温度应设置到 180 ℃左右。

The temperature of oven should be about 180 ℃ .

对不起，没有菠菜了，可以配生菜吗？

Sorry, the spinach is used up, can we use lettuce instead?

没有鱼柳了，可以用大虾吗？

We are out of fish fillet, can we use prawn instead?

面条没有了，可以配米饭吗？

We are out of noodles. Is rice OK?

炸虾排的颜色是金黄色的。

The color of the fried prawn is golden.

奶油汤太稀了，应再多加些奶油。

The cream soup is too clear, add more, please.

不断用打蛋器搅动直至浓稠。

Keep stirring with an egg-beater until thick.

牛排煎得过火了，应该再嫩一些。

The beef steak is overdone, it should be more tender.

请把鸡腿拆下来，再切成块。

Please pull down the drumsticks and then cut into cubes.

这个少司应用牛骨煮制。

This sauce should be boiled with calf bone.

烤火鸡时，烤箱温度不宜过高。

When we roast a turkey, the temperature of the oven can't be too high.

这道冷菜装饰得真漂亮。

How nice this cold dish looks!

煮鱼的火候要小。

The fish should be boiled with low heat.

咖喱少司煮制的时间越长，味道越香。

The longer the curry sauce is boiled, the better it tastes.

这道菜色、香、味、形俱佳。

This dish is fine in color, odour, flavour and appearance.

第二节　西餐常用词汇

一、厨房用具

apple corer	苹果去核刀	egg slicer	切蛋片器
soup cup	汤杯	fish fork	鱼叉
cheese plate	奶酪盘	fish knife	鱼刀
barbecue grill	烧烤炉	fryer	炸锅
boiler	沸水炉	garnishing knife	刻花刀
bread basket	面包篮	jelly mould	果冻模具
bread knife	面包刀	kitchen scissors	厨房专用剪刀
brush	刷子	larding needle	穿肉针
butcher's knife	切肉刀	meat saw	肉锯
butcher's steel	磨刀钢条	oyster knife	牡蛎刀
butter knife	黄油刀	pie mould	批模
cake cutter	制饼器	piping tube	挤花嘴
cake fork	饼叉	potato peeler	土豆削皮刀
cake mixer	搅拌机	potato master	夹薯蓉器
can opener	开罐头刀	rolling pin	擀面棍
chopping block	砧板	snail fork	蜗牛叉
coffee mill	咖啡研磨器	soup ladle	汤勺
coffee percolator	咖啡过滤器	trolley	餐车
cocktail glass	鸡尾酒杯	wooden spoon	木匙
condiment set	调味瓶	scaler	刮鳞器
egg cutter	切蛋器	stock pot	汤桶

二、烹调原料

sausage	香肠	trout	鳟鱼
ham	火腿	perch	鲈鱼
bacon	培根、咸肉	sole	比目鱼
cured meat	腊肉	cod	鳕鱼
pork loin	猪外脊肉	salmon	鲑鱼
pork chop	猪排	tuna	鲔鱼、金枪鱼
pork cutlets	带骨猪排	mandarin fish	鳜（桂）鱼
beef fillet	牛里脊	carp	鲤鱼
sirloin steak	西冷牛排	herring	鲱鱼
fillet steak	菲力牛排	sardine	沙丁鱼
beef tongue	牛舌	cheese	奶酪
beef tail	牛尾	hard cheese	硬奶酪
beef offal	牛内脏、下水	sauce	少司
beef kidney	牛腰子	cream	奶油
T-bone steak	T骨牛排	sour cream	酸奶油
porterhouse steak	美式T骨牛排	yoghurt	酸奶
chick	雏鸡	rice	大米
spring chicken	春鸡	maize	玉米
capon	阉鸡	barley	大麦
prawn	大虾	wheat	小麦
shrimp	小虾、虾干	oatmeal	燕麦片
lobster	龙虾	flour	面粉
crab	螃蟹	spaghetti	意式实心面
crab roe	蟹黄	noodles	面条
crab meat	蟹肉	macaroni	意式通心粉
oyster	牡蛎	cereal	麦片粥
scallop	扇贝	sandwich	三明治
clam	贻贝	hot dog	热狗
snail	蜗牛	pancake	薄饼、煎饼
anchovy	鳀鱼		

三、烹调术语

boiled	煮的	sliced	切片的
poached	温煮的	shredded	切丝的
steamed	蒸的	shelled	去壳的
stewed	烩的	mashed	捣碎的
braised	焖的	devein	除去
simmered	文火煮的	crush	砸碎
gradually add	逐渐加入	rank	腥臭的
reduce heat	改小火	stinky	发臭的
uncovered	揭开盖子	delicious	美味的
skim	撇去	stale	不新鲜的
scalded	烫的	tasty	美味的
divide	分开	highly seasoned	味浓的
pickled	腌渍的	tender	嫩的
drain	控干	overdone	过火的
reduced by half	浓缩至一半	underdone	不熟的
diced	切丁的		

第三部分　西式烹调师高级

第十九章

原料知识

第一节　稀　有　原　料

一、肉类原料

1．小牛肉

（1）概况。小牛肉是指牛出生后 2.5~10 个月屠宰的牛肉。小牛肉脂肪少，水分多，肉质鲜嫩，肉味较淡。牛出生后 2~3 个月时叫乳牛，这时的牛还没有断乳，肉中没有饲料的杂味，只有奶味，肉质细嫩而柔软，是上等原料。

（2）部位划分和使用。小牛肉因部位不同，其肉质也有差别，但没有成年牛明显。在西方，小牛肉一般划分为颈部肉、肩部肉、背部肉、腰部肉、腹部肉、大腿肉、小腿肉等。

1）背部肉。背部肉质地很嫩，带骨切成段可制作牛扒，用于煎或铁扒，也可以整条烧烤。

2）腰部肉。腰部肉和背部肉相似，也十分柔软，可用于烧烤或焖煮，也可切成肉片煎炒。

3）大腿肉。大腿肉分为内腿肉、外腿肉和中腿肉。内腿肉和外腿肉的肉细致而柔软；中腿肉纤维较多，肉质较硬。在烹调中，内腿肉和外腿肉可用于制作牛扒。大腿肉较硬的部分适于煮和焖，较软的部分适于烧烤。

4）小腿肉。小腿肉富含胶质，主要适于煮和焖，或者制作清炖牛肉汤等。

2. 小牛核

小牛核是小牛的胰脏，该器官位于颈胸之间。随着牛的生长，该器官逐渐萎缩，到了成牛阶段小牛核就完全消失了。小牛核呈扁圆形，形状很像核桃仁，浅褐色，脂肪含量很高，肉质非常柔软。目前我国自产的小牛核很少，大部分依靠进口，主要货源国家是美国和新西兰。小牛核可以蒸或烩焖。由于小牛核自身味很淡，在烹调中宜加入奶油和酒调味。

3. 小牛腰子

牛、羊和猪的腰子都能入菜，其中以小牛腰子质量最好，尤其是未断奶的小牛，其腰子呈红褐色，有光泽，没有异味，外面有一层很厚的脂肪，重量约为 1 kg。小牛腰子由几大块独立的隔腔组成，肉质中几乎不含纤维质，柔软适口。小牛腰子可以烧烤，也可煎和焖。由于小牛腰子质地很嫩，烹调时间不宜过长。

4. 牛尾

制作菜肴用的都是成年牛尾，成年牛尾一般重 1.5 kg，长 60~80 cm，牛尾中间是尾骨，尾骨单节长 5 cm 左右。牛尾上的肉很少，只有根部肉较多，但肉质坚硬，筋很多，必须长时间煮和焖才能变软。牛尾中的皮和骨节间的筋富含胶质，口感好，有较好的风味，适宜长时间煮和焖，时间越长，汤汁越浓厚。牛尾适宜制成汤或煮焖类菜肴。

5. 小羊肉

小羊是指出生后不足一年的羊，一年以上的羊统称为成年羊。小羊肉颜色较成年羊肉浅，肉质嫩，被西方人视为上品，其中没有吃过草的羊称为乳羊，肉质更佳。此外，还有一种生长在海滨的羊，吃的是含有盐分的草，称咸草羊，肉质也很好，且没有膻味。

二、其他原料

1. 肥鹅肝

鹅在西餐中的用途不如鸡广泛，但肥鹅肝却是西餐烹调中的上等原料。为了得到质量上乘的肥鹅肝，必须预先选择一批小雄鹅，在 3~4 个月之前饲以普通饲料，然后用特制的玉米饲料强制育肥 1 个月，其肝脏可重达 700~900 g。肥鹅肝中含有大量脂肪，因此在烹调时不要用急火，以免脂肪流失使鹅肝的质地变干。优质的鹅肝有以下特点：

（1）颜色。上等的肥鹅肝呈乳白色或白色，其中的筋呈淡粉红色。

（2）硬度。上等的肥鹅肝肉质紧，用手指触压后不能恢复原来的形状。

（3）质感。上等的肥鹅肝肉质细嫩光滑，手触后有一种黏糊糊的感觉。

肥鹅肝原则上应立刻使用，不宜保存。如果制作菜肴剩余一部分肥鹅肝，可将其用于制作肉卷等。如需要保存，应将肥鹅肝放进真空薄膜中，封口后置于冰水中。

2. 黑菌

黑菌是西欧特有的一种野生蘑菇，又名块菰或松露菌。黑菌有一种特有的香味，和肥鹅肝、鱼子酱并称为世界三大美食原料。它主要产于意大利和法国的野生森林中。除了常见的黑色黑菌外，还有一种浅色黑菌，一般称为白色块菰。这两种蘑菇都具有浓郁的香味，价格非常昂贵。黑菌可切碎放入调味汁中为调味汁提味，也可用于装饰菜肴。

3. 番红花

番红花原产于地中海地区，现在南欧普遍培植，因其由西藏传入内地，故又称藏红花。它是鸢尾科植物，多年生草本，花期为11月上旬或中旬，其花蕊干燥后即是调味用的番红花，是西餐中名贵的调味品，也是名贵药材，以西班牙、意大利产的为佳。番红花常用于中东、地中海地区及法国、意大利、西班牙等国的汤类、海鲜类、禽类、煨饭等菜肴，既可调味又可调色。

第二节　酒　类

各种酒类在西餐中不仅可作为饮料，而且是重要的调味品。西方国家的酒类品种繁多，这里对一些世界上较为著名的酒类加以介绍。

一、酒的分类

酒类按其加工方法的不同可分为蒸馏酒、酿造酒、配制酒和啤酒。

1. 蒸馏酒

用蒸馏的方法制作的酒类称蒸馏酒。蒸馏酒一般以谷类和果品为原料，经初步加工后使之发酵，产生酒精，然后用蒸馏的方法把酒精分离出来，再经勾兑、陈酿等工序制成，这类酒的酒精度一般较高。常见的蒸馏酒有白兰地、威士忌、金酒、朗姆酒等。

2. 酿造酒

酿造酒大都以各种果品为原料，经压榨出汁后，使之发酵，产生酒精，然后去除残渣，再经陈酿等工序制成。这类酒的酒精度比蒸馏酒要低，一般不超过20%vol。常见的酿造酒有一些汽酒及各种葡萄酒。

3. 配制酒

配制酒出现较晚，但发展很快。配制酒一般选用蒸馏酒及酿造酒为酒基，再按照一定的比例兑入各种调料，如香料、白糖、食用色素等配制而成。常见的配制酒有味美思酒、马德拉酒、雪利酒等。

4. 啤酒

啤酒是一种古老的酒精饮料，早在6 000多年前，古巴比伦人就开始用大麦酿酒，如今已风靡世界。其中啤酒消费量较大的国家有德国、比利时、荷兰、匈牙利、英国等。

二、常见的蒸馏酒类

1. 白兰地（brandy）

白兰地的英文原意是蒸馏酒，现习惯上指用葡萄蒸馏酿制的酒类。用其他原料制造的酒类习惯上要注明是苹果白兰地或是杏子白兰地。白兰地的种类很多，以法国格涅克地区产的格涅克酒（也称干邑）最著名，有"白兰地之王"的美誉。格涅克酒酒体呈琥珀色，清亮有光泽，口味精细考究，酒精度为43%vol。此外，德国、意大利、希腊、西班牙、俄罗斯、美国、中国等国也都产白兰地。白兰地在西餐烹调中使用非常广泛。

2. 威士忌（whisky）

威士忌是一种谷物蒸馏酒，其主要生产国大多是英语国家，其中以英国的苏格兰威士忌最为著名。威士忌是以大麦为原料，先将大麦在草炭上烘干以免发芽，然后经发酵、蒸馏而成。苏格兰威士忌还讲究把酒储存在盛过西班牙雪利酒的木桶里，以吸收一些雪利酒的余香。陈酿5年以上的纯麦威士忌即可饮用，陈酿7~8年的为成品酒，陈酿15~20年的为优质成品酒，储存20年以上的威士忌质量下降。苏格兰威士忌具有独特的风味，酒色棕黄带红，清澈透亮，气味焦香，略有烟熏味，口感甘洌、醇厚、绵柔并有明显的酒香气味。威士忌的酒精度一般都在40%vol以上，但很少超过50%vol。除苏格兰威士忌外，较有名气的还有爱尔兰威士忌，此外加拿大、美国也都出产一些质量较好的威士忌。

3. 金酒（gin）

金酒又译为杜松子酒。金酒始创于荷兰，现在世界上流行的金酒有荷兰式金酒和英式金酒。荷兰式金酒是以大麦、黑麦、玉米、杜松子及香料为原料，经过 3 次蒸馏，再加入杜松子进行第四次蒸馏而制成。荷兰式金酒色泽透明、清亮，酒香和调香气味突出，风味独特，口味微甜，酒精度在 52%vol 左右，适于单饮。英式金酒又称伦敦干金酒，是用食用酒精和杜松子及其他香料共同蒸馏（也可将香料直接调入酒精内）制成的。英式金酒色泽透明，酒香和调料香浓郁，口感醇美甘洌。除荷兰金酒外，欧洲其他一些国家也出产金酒。

4. 朗姆酒（rum）

朗姆酒又可译为兰姆酒，是世界上消费量较大的酒品之一，其主要生产国有牙买加、古巴、海地等。朗姆酒是以甘蔗为原料，经发酵、蒸馏后，再放入橡木桶内陈酿一段时间制成。根据采用的原料和制作方法不同，朗姆酒可分为 5 类，即朗姆白酒、朗姆老酒、淡朗姆酒、朗姆长酒和强香朗姆酒，其酒精度不等，一般为 45%vol~50%vol。

三、常见的酿造酒类

1. 葡萄酒（grape wine）

葡萄酒在世界各种酒类中占有重要地位，据不完全统计，世界各国用于酿酒的葡萄园种植面积达几十万平方公里。世界上生产葡萄酒的国家有法国、美国、意大利、西班牙、葡萄牙、澳大利亚、德国、瑞士等，其中最负盛名的是法国波尔多、勃艮第酒系。葡萄酒中最常见的有红葡萄酒和白葡萄酒，酒精度一般在 10%vol~20%vol。

红葡萄酒是用颜色较深的红葡萄或紫葡萄酿造的，酿造时果汁和果皮一起发酵，所以颜色较深，分为干型、半干型和甜型，目前西方国家比较流行干型酒，其品种有玫瑰红、赤霞珠等，适于吃肉类菜肴时饮用。白葡萄酒是用颜色青黄的葡萄为原料酿造的，在酿造过程中去除果皮，所以颜色较浅，白葡萄酒以干型最为常见，品种较多，如霞多丽、雷司令等，清冽爽口，适宜吃海鲜类菜肴时饮用，烹调中也广泛使用。

2. 香槟酒（champagne）

香槟酒是用葡萄酿造的汽酒，是一种非常名贵的酒，有着"酒皇"的美称。香槟酒原产于法国北部的香槟地区。香槟酒讲究采用不同的葡萄为原料，经发酵、勾兑、陈酿、转瓶、换塞、填充等工序制成，一般需要 3 年时间才能饮用，以 6~8 年的陈酿香槟为佳。香槟酒色泽金黄、透明，味微甜酸，果香大于酒香，口感清爽、纯正，各

种味觉恰到好处，酒精度为 11%vol 左右，有干型、半干型、糖型三种，其糖分分别为 1%~2%、4%~6%、8%~10%。

四、常见的配制酒类

1. 味美思酒（vermouth）

味美思酒也称苦艾酒，起源于意大利，主要生产国有意大利和法国。味美思酒是以葡萄酒为酒基，加入多种芳香植物，根据不同的品种再加入冰糖、食用酒精、色素等，然后经搅匀、浸泡、冷澄、过滤、装瓶等工序制成，常用作餐前开胃酒。味美思酒的品种有干味美思、白味美思、红味美思等，其色泽、香味特点均有不同，除干味美思外，另外两种均为甜型酒，含糖量为 10%~15%，酒精度在 15%vol~18%vol。

2. 雪利酒（sherry）

雪利酒又译为谢里酒，主要产于西班牙的加的斯。雪利酒以加的斯所产的葡萄酒为酒基，勾兑当地的葡萄蒸馏酒，采用逐年换桶的方式陈酿 15~20 年，其品质可达到顶点。雪利酒常用来佐甜食。雪利酒可分为两大类，即菲奴（Fino）和奥罗露索（Oloroso）。菲奴雪利酒色泽淡黄、明亮，是雪利酒中最淡的，香味优雅、清新，口味甘洌、清淡、新鲜爽快，酒精度在 15.5%vol~17%vol。奥罗露索雪利酒是强香型酒品，色泽金黄、棕红，透明度好，香气浓郁，有核桃仁香味，口味浓烈柔绵，酒体丰富圆润，酒精度在 18%vol~20%vol。

3. 马德拉酒

马德拉酒主要产于大西洋上的马德拉岛。马德拉酒是用当地产的葡萄酒和葡萄蒸馏酒为基本原料，经勾兑、陈酿制成，酒精度多在 16%vol~18%vol，即可作为开胃酒，也可作为甜食酒，在烹调中常用于调味。

4. 波尔图酒

波尔图酒产于葡萄牙的杜罗河一带，因在波尔图储存、销售而得名。波尔图酒是由葡萄原汁酒与葡萄蒸馏酒勾兑而成的，在生产工艺上吸取了不少威士忌酒的酿造经验。波尔图酒可分为黑红、深红、宝石红、茶红 4 种类型。波尔图酒可用于甜食饮用，烹调中常用于肝类及汤类菜肴的调味。

五、啤酒（beer）

啤酒主要以大麦为原料，经麦芽备制、原料处理、加酒花、糖化、发酵、储存、灭菌、澄清过滤等工序制成。啤酒的酒精度在 3.5%vol~5%vol。啤酒按其酒色可分为淡色啤酒、浓色啤酒和黑色啤酒。啤酒在烹调中可用于调制面糊，也可用于调味，在德国菜中使用比较普遍。

第三节　烹饪原料的保存

一、烹饪原料在保存过程中的品质变化

1. 蔬菜、水果在保存过程中的品质变化

新鲜的蔬菜、水果虽已脱离其植株，不能继续生长，但仍保持一定的生命活动，以维持其基本的生理变化。

（1）呼吸作用。呼吸作用是蔬菜、水果自身的有机成分（主要是糖类）在氧化还原酶的作用下逐渐分解为二氧化碳和水的过程，与此同时产生热量。蔬菜、水果的呼吸作用分有氧呼吸和缺氧呼吸两种类型，但无论是哪种类型的呼吸，糖和酸等都将逐渐消耗，从而降低蔬菜、水果的品质。缺氧呼吸还会产生有毒化合物，引起生理病害，所以应尽量防止缺氧呼吸。但适当的有氧呼吸能抵抗微生物的侵害，所以在保存过程中应使蔬菜、水果保持微弱的有氧呼吸。

（2）后熟作用。后熟是指蔬菜和水果在保存过程中由酶引起的一系列生化变化，如淀粉水解为单糖产生甜味、鞣质聚合使涩味降低、有机酸数量减少、芳香油数量增加等，从而使蔬菜、水果的口味更好，但后熟的蔬菜、水果就很难继续保存了。

（3）萌发和抽薹。萌发和抽薹是两年生或多年生蔬菜终止休眠状态开始新的生长时发生的一种变化。其主要发生在那些以变态的根、茎、叶等作为食用部位的蔬菜，如马铃薯、洋葱、大蒜、萝卜等。适宜的温度、湿度和充足的空气就可以使蔬菜萌发和抽薹，从而使蔬菜中的营养成分大量消耗，组织变得粗老，食用品质大为降低。所以蔬菜在保存过程中要采取低温等措施，防止萌发和抽薹。

2. 肉类原料在保存过程中的品质变化

家畜在屠宰后就进入保存过程，在这一过程中会发生一系列变化，对肉的品质有一定影响。

（1）尸僵作用。家畜屠宰后，肉中的酶会使肌肉中的糖原分解为乳酸，使肉的酸

度下降。与此同时，肉中的三磷酸腺苷也在逐渐减少。这些生化变化造成肌肉纤维紧缩、扭曲，从而使肌肉呈僵状，这就是肉的尸僵作用。尸僵阶段的肉弹性差，无香味，烹调时不易煮烂。

（2）成熟作用。在自然温度下，由于肉中的酶类继续作用，引起肉中的乳酸、糖原、呈味物质之间的变化，使尸僵状态的肉变得柔软而有弹性，表面微干，带有鲜肉的自然气味，这种变化叫肉的成熟作用。肉的成熟作用与外界的温度有密切关系，温度越高，成熟越快。

（3）自溶作用。成熟后的肉在酶的作用下仍在不停地变化，肉中的有机物进一步分解，使肉产生不新鲜的气味，肉质变得柔软而松弛，肉色发暗，这种变化叫肉的自溶作用。这种肉虽然还可食用，但质量已大为下降，不宜长期保存。

（4）腐败作用。自溶阶段的肉进一步发展，就会导致肉的腐败。由于肉中含有大量的水分和蛋白质，所以是各种细菌繁殖的良好培养基。如果温度、湿度适宜，微生物就会在肉内大量繁殖，并使蛋白质、脂肪等成分分解，产生氨、硫化氢等物质。这些物质大都带有恶臭味，并对人体有害，所以腐败的肉类不能食用。

二、烹饪原料的保存方法

1. 烹饪原料的一般保存方法
烹饪原料种类很多，保存方法各异，一般的保存方法有以下几种。

（1）低温保存法。低温保存法是使用最广泛的保存方法。一般来说，低温不能杀灭细菌，但能有效地抑制微生物的生长繁殖和酶的活性，从而达到防止烹饪原料腐败变质的目的。低温保存法又分为冷藏法和冷冻法，冷藏法的温度为4~8 ℃，冷冻法的温度为 –18~0 ℃。

（2）高温保存法。高温保存法利用高温破坏酶的活性，从而达到防止烹饪原料腐败变质的目的。此种方法主要在食品加工业中使用。

（3）干燥保存法。干燥保存法就是采取各种措施降低原料的含水量，使其呈干燥状态。由于原料中的水分含量降低，微生物的活动和酶的活性受到抑制，从而达到在一定时间内保存原料的目的。

（4）密封保存法。密封保存法是将原料密封在容器内，使其和日光、空气隔离，以防止原料被污染和氧化。这种方法主要在食品工业中使用。

（5）腌渍和烟熏保存法。腌渍保存法常用的是盐腌，就是把原料表面涂盐或浸入盐水中，由于食盐的渗透压作用可以使原料中的水分析出，从而杀灭微生物或抑制其活动，达到保存原料的目的。在实际工作中，除盐腌外，还有糖渍和酸渍。

烟熏保存法是利用锯木等物不完全燃烧所产生的烟气熏蒸原料的方法。由于烟气中的化学成分具有杀菌防腐的作用，并可以减少原料表层的水分，因而有利于原料保存。

2. 肉类原料的保存方法

肉类原料的保存应遵循急速冷冻、缓慢解冻的原则。急速冷冻是指把肉置于 -23 ℃的温度下使其迅速冻结，然后放在 -18 ℃、相对湿度为 95% ~98% 的库中保存。缓慢解冻是把肉放在 2~10 ℃的温度下使其慢慢解冻，这样可减少肉中的汁液损失，使肉保持鲜嫩的品质。此种方法也宜用于禽肉类和水产肉类原料。

3. 蔬菜类原料的保存方法

蔬菜的品种很多，保存方法也不尽相同，一般都可以采取冷藏法，即把蔬菜放在 2~8 ℃的温度下保存。为了保持蔬菜中的水分，还应保持空气中较高的湿度，但湿度过高，也会对蔬菜的呼吸和微生物的活动有促进作用。

4. 蛋类原料的保存方法

鲜蛋变质的原因主要是适宜的温度和湿度，以及蛋壳上的气孔和蛋内的酶。保存蛋品时，应设法闭塞蛋壳上的气孔，防止微生物侵入，并保持适宜的温度、湿度，以抑制蛋内酶的作用。一般采取冷藏法保存，冷藏的蛋要新鲜清洁，冷藏温度在 0 ℃左右，相对湿度为 82% ~87%，冷藏时间不宜过长，一般为 4 个月左右。

第四节　原料的化学成分

一、家畜肉的化学成分

1. 糖

糖在家畜肉中含量较少，主要以糖原的形式存在于肌肉组织中，是供动物肌肉收缩活动的能量来源。另外，还有少量的葡萄糖和核糖。

2. 脂肪

脂肪在家畜肉中的含量因育肥程度不同而有一定差异，一般占动物体的 10% ~20%，其中肌间脂肪可提高家畜肉的良好风味。牛肉、羊肉的脂肪含硬脂肪较多，熔点高，不易消化；猪肉熔点较低，易于消化。

3. 蛋白质

家畜肉的蛋白质主要存在于肌肉组织中，可分为肌浆蛋白、肌原纤维蛋白和间质蛋白。

（1）肌浆蛋白。肌浆蛋白包括肌溶蛋白、肌红蛋白、肌粒蛋白，它们都是完全蛋白质。

（2）肌原纤维蛋白。肌原纤维蛋白包括肌球蛋白、肌动蛋白、肌动球蛋白，它们也都是较好的完全蛋白质。

（3）间质蛋白。间质蛋白包括胶原蛋白和弹性蛋白，这两种蛋白质都是不完全蛋白质。

4. 矿物质

家畜肉的矿物质含量在 0.8% ~1.2%，主要含有钙、磷、铁、镁、钠等。一般瘦肉的矿物质含量比肥肉多，内脏的矿物质含量比瘦肉多。骨骼中含有丰富的钙和磷。

5. 维生素

家畜肉的维生素含量不高，却是 B 族维生素的良好来源，其中猪肉的维生素 B_1 含量较高，牛肉的叶酸含量较高，内脏的维生素 A 和维生素 B_2 含量较高。

6. 水分

水分是家畜肉含量最多的组成成分，含量为 48% ~72%。其中瘦肉的水分含量比肥肉多，幼畜肉的水分含量比老畜肉多。

二、水产品的化学成分

1. 糖

水产品的糖分含量在 1% ~5%，平均含量为 4%。其中螃蟹、甲鱼、牡蛎等糖的含量比一般鱼类高。

2. 脂肪

水产品的脂肪含量在 0.5% ~5.5%，平均含量为 3%。一般在产卵期脂肪含量很高，如鲥鱼可达 17%，鲇鱼可达 20%。水产品的脂肪多为不饱和脂肪酸，易被人体吸收。

3. 蛋白质

水产品的蛋白质含量在 10% ~25%，平均含量为 16%，主要是优质的完全蛋白质。

4. 矿物质

水产品含有丰富的钙、磷、铁、钾、镁、硒、碘等，其中海产品碘的含量大大高于其他产品。

5. 维生素

水产品的肝脏中含有丰富的维生素 A 和维生素 D，肌肉中含有一定量的维生素 B_1 和维生素 B_2。

6. 水分

水产品的水分含量在 50%~80%，平均含量为 65%，在烹调中损失率可达 10%~35%。

三、蔬菜的化学成分

1. 水

蔬菜含水量在 65%~97%，其中叶菜类含水分较多，茎菜类、根菜类含水分较少。由于蔬菜含水分多，所以较易变质。水分降低会影响蔬菜的鲜嫩品质。

2. 矿物质

蔬菜中含有钙、磷、铁、钾、镁、钠等多种矿物质，一般含量在 0.2%~3.4%，其中根菜类在 0.6%~1.1%，茎菜类在 0.3%~2.8%，叶菜类在 0.5%~2.3%，花菜类在 0.7%~1.2%，果菜类在 0.3%~1.7%。

3. 维生素

蔬菜中含有较多的维生素 C 和胡萝卜素，其中绿色和橙黄色蔬菜维生素含量较多。

4. 碳水化合物

碳水化合物是蔬菜干物质的主要成分，包括糖、淀粉、纤维素和半纤维素等。

5. 有机酸

蔬菜中含有多种有机酸，如苹果酸、柠檬酸、咖啡酸、绿原酸、丁酸等，可使蔬菜具有不同风味。

6. 色素

蔬菜中含有多种色素，如叶绿素、花青素及类胡萝卜素中的番茄红素和叶黄素。

7. 挥发油

挥发油含量在蔬菜中非常少，却是构成蔬菜香气的主要成分。

蔬菜除含有以上化学成分外，还含有少量的蛋白质和脂肪以及果胶鞣质等。

四、牛奶的化学成分

1. 水分

牛奶中的水分一般占 87%~89%，超过这一数字则表示牛奶质量不合格，也可据此检验牛奶中是否掺了水。

2. 蛋白质

牛奶中的蛋白质含量在 3%~4%，其种类有酪蛋白、乳白蛋白、乳球蛋白，其中主要成分是酪蛋白，这些都是完全蛋白质，吸收利用率很高。

3. 脂肪

牛奶中的脂肪含量在 3.4%~3.8%。脂肪以极微小透明的球状悬浮于牛奶液体中，由于密度小，一般都聚集在奶的表层。

4. 乳糖

牛奶中乳糖含量为 4.5%，是奶中的特有产物。

此外，牛奶中还含有较丰富的维生素、无机盐，并有磷脂、胆固醇及多种酶类。

第二十章

原料准备

第一节　原料的初加工

一、高档原料的初加工方法

高档原料是指在西式烹调中应用的一些较稀有、较特殊、价格昂贵的名贵原料，如小牛核、蜗牛、龙虾、鹅肝、鱼子等。

1. 小牛核的初加工方法

（1）将和小牛核连在一起的喉管割掉。

（2）将小牛核放入冷水中浸泡一夜，以清除积血。

（3）将浸泡后的小牛核放入清水中冲洗，直至将血水冲净、颜色发白为止。

（4）剥去小牛核表面的薄膜、脂肪和筋质，但不要将薄膜完全剥净，以使其仍为一个整体。

（5）控干水分，用干净布包好，上放重物压置 12 h 左右。

2. 蜗牛的初加工方法

（1）将蜗牛放入温水内，约 10 min 后拣除未从壳体中伸出的蜗牛。

（2）将洗好的蜗牛放入稀盐水中静置 1 h，以使其排出体内污物。

（3）将蜗牛再放入沸水中，微沸 5 min 后取出冲凉，并刷去蜗牛上白色的涎质。

（4）用小钢针将蜗牛肉从壳中挑出，除去胆囊，剪去头与卷曲的尾。

（5）将蜗牛肉放入汤中，小火煮 1.5~2 h，至蜗牛肉成熟为止，取出晾凉。

203

（6）将蜗牛壳放入沸水中，加少许发酵粉和盐，煮 30 min 后取出冲洗，沥干即可。

3．鹅肝的初加工方法

（1）将整个鹅肝按其自然形状分为两块。如是冷冻的鹅肝，应使其自然解冻，变得柔软后再分成两块。

（2）将鹅肝较圆的一面朝上，然后用刀纵向切开一个长口。

（3）顺切口处将鹅肝中的筋拉出来，并剔除血管、血块等。

（4）冲洗干净即可。

4．龙虾的初加工方法

龙虾的加工主要是出壳取肉，其加工方法主要有以下两种。

（1）方法一

1）将龙虾洗净，加工成熟后晾凉。

2）将龙虾腹部朝上，放平。

3）用刀从胸部至尾部切开，再调转方向从胸部至头部切开，将龙虾一分为二。

4）剔除虾肠、白色的鳃及其他污物。

5）用手指将龙虾壳内的龙虾肉取出。

（2）方法二

1）将龙虾洗净，剪去过长的须尖、爪尖。

2）将龙虾用线绳固定在木板上，浸入水中煮熟，这样可以防止虾壳变形。

3）将龙虾腹部朝上，用剪刀剪去腹部两侧的硬壳，然后再剥下腹部的软壳。

4）取出龙虾肉，并用刀将虾肠切除。

此方法可以保持龙虾外壳的美观、完整，一般用于冷菜的制作。

5．鱼子的初加工方法

（1）将新鲜的鱼子取出后冲洗干净。

（2）放入盐水中浸泡，并用木棍不断搅动，以使胎衣与鱼子分离，并使盐分充分渗入鱼子中。

（3）用适当的网筛将鱼子滤出即可。

二、填馅原料的初加工方法

填馅原料的初加工是指对原料进行剔骨出肉等加工后仍然保持原有的形状，以用于填馅菜肴的制作。

1. 填馅鸡（鸭）的初加工方法

这是一种整料出骨的加工方法，鸡要选用 1 年左右的母鸡，鸭应选用 8~9 个月的母鸭。这种原料肉质适当，出骨时皮不易破，烹制时也不易裂。下面以鸡为例介绍。

（1）去颈骨。在两肩相夹的颈根处，用刀将鸡皮横着划开一条长约 6 cm 的刀口，并顺刀口剁断颈根处，然后顺刀口处拉出颈骨，在靠近头部处将颈骨剁下，但不要碰破皮。

（2）去翅骨。从颈部刀口处将皮肉翻开，使鸡头下垂，然后连皮带肉慢慢往下翻开。翻开到翅骨的关节时，用刀将关节上的筋切断，使翅骨与鸡身脱离，先抽出桡骨和尺骨，然后再将翅骨抽出。

（3）去鸡身骨。一手拉住颈骨根部，另一只手拉住背部的皮肉轻轻翻剥。翻剥时要将胸骨凸出处按下，使之略微低些，以免翻剥时戳破鸡皮。当翻剥到脊背部的皮骨连接处时，如不易剥下，可用小刀贴骨割开，再继续翻剥。当剥到腿部时，将两腿分别向后扳，使腿骨关节露出，将筋割断，使腿骨脱离。继续翻剥至肛门处时，将尾尖骨割断，但不要割破鸡尖，鸡尖仍要留在鸡身上。此时鸡身骨骼已与皮肉分离，将骨骼、内脏取出，割下肛门处的直肠，洗净肛门处的污物。

（4）出腿骨。将大腿骨处皮肉略翻下一些，然后将大腿骨向外拉，至膝关节时用刀割下。再在靠近鸡爪处的小腿上横切一道口，将皮肉上翻，将小腿骨抽出斩断。

（5）翻转鸡皮。鸡骨骼去净后，将鸡皮朝外翻转，使其在形态上仍是一只完整的鸡。

2. 填馅鸡腿的初加工方法

（1）在鸡腿内侧，顺腿骨的走向，用刀尖切开大腿骨周边的肉，切开关节，剔除大腿骨。

（2）把鸡腿肉里外翻转，剔除小腿骨。剔除小腿骨时应注意不要戳破鸡皮且应保留 2 cm 左右长的小腿骨。

（3）翻回原状，填馅后将鸡腿肉缝合。

3. 填馅鱼的初加工方法

填馅鱼的初加工是指将整鱼出骨的方法，其加工方法主要有以下两种。

（1）背开出骨法

1）将鱼刮鳞、去鳃，用剪刀剪去鱼鳍、鱼尾尖。

2）将鱼头朝外，用刀贴着脊骨，在背鳍两侧从鳃盖后至鱼尾切开两个长切口，然后按住鱼身下压，使切口张开，再顺裂口用刀贴着脊骨将脊骨切开，使鱼肉与脊骨分开。

3）用剪刀剪开脊骨与尾两端及脊骨与肋骨相连处，剔出脊骨并摘除内脏。

4）将鱼腹朝下，翻开鱼身，使鱼肋骨露出根部，然后从肋骨根部入刀，紧贴肋骨，刀略倾斜，使肋骨脱离鱼肉。

5）将鱼身合拢即可。

（2）腹开出骨法

1）将鱼刮鳞，剪去鱼鳍和尾尖。

2）将鱼头朝外，腹部向右放在案上，将刀尖由肛门插入，切开鱼腹至前鳍处，然后取出内脏及鱼鳃。

3）用刀尖将腹腔中脊骨与肋骨相连处割断。

4）将脊骨与鱼头、鱼尾处切断，剔开两侧鱼肉，用剪刀将脊骨剪下，取出脊骨。注意不要使背部破损。

5）用刀将两侧肋骨片下，取出肋骨。

6）将鱼身合拢，仍保持其完整的鱼形。

4. 酿馅龙虾的初加工方法

酿馅龙虾的初加工方法是指将龙虾出肉、留壳，并使龙虾壳美观、完整的加工方法。此加工方法一般应用于冷菜的制作，要求选择体型较大、外观完整的龙虾。其加工方法如下。

（1）将龙虾洗净，平放在木板上，用线绳固定、扎牢。

（2）放入水或汤中加工成熟，晾凉。

（3）取出龙虾，去掉木板、线绳。将龙虾背壳朝上，用剪刀从龙虾尾部至头部剪去背壳中间的一长条甲壳，并保持头部、背腹两侧的尾节、尾扇完整。

（4）从龙虾背部小心地将龙虾肉整个取出。

第二节　原料捆扎成型工艺

原料的捆扎成型，即用线绳将原料捆扎整齐，以符合菜肴制作特定的要求。原料捆扎的目的有两个：其一是使原料保持原有的形态，以防烹制时受热变形，如整只禽类、乳猪及整鱼等；其二是使大而松散的原料变得紧实，或裹住原料，并使原料的切面增大，如煮牛胸、烤填馅猪通脊等。

一、禽类原料的捆扎成型

1. 小型禽类原料的捆扎方法

小型禽类主要是指鸽子、鹌鹑、雏鸡等。

（1）将小型禽类加工整理后，胸脯朝上放平。

（2）用线绳在小腿关节偏上部各绕一圈后，在胸前交叉搭扣扎紧。

（3）将两端线头分别从大腿内侧根部绕到翅膀外侧。

（4）将原料翻转，背部朝上，用线绳将翅膀和颈皮一起捆紧在禽体上，如图20-1所示。

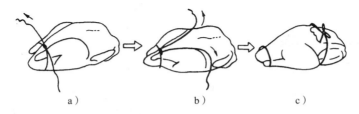

a）　　　　　　b）　　　　　　c）

图 20-1　小型禽类的捆扎方法

2. 大型禽类原料的捆扎方法

大型禽类原料主要是鸡、鸭、鹅、火鸡等。其捆扎的方法是：

（1）将原料加工整理后，胸脯朝上，放平。

（2）借助缝针，将线绳从小腿下部外侧穿入，从小腿内侧穿出。

（3）再将线绳从胸脯下部的软骨外穿入腹腔，并将臀尖倒卷入腹腔内，将线绳从中穿过，然后将线绳从另一侧的大腿根部穿出。

（4）将原料翻转，脊背部朝上，线绳从翅膀外侧穿入，并将颈皮与脊背部缝在一起，再从另一侧翅膀处穿出。

（5）穿过大腿根部穿入腹腔，并从已卷入腹腔内的臀尖上穿过，从另一侧胸脯下部的软骨处穿出，再从小腿下部穿过，最后将两侧的线头系紧，如图20-2所示。

二、畜类原料的捆扎成型

1. 剔骨羊腿的捆扎方法

（1）将羊腿剔骨后整理好。

（2）用线绳在小腿骨处系紧一圈。

（3）然后将线绳向前拉，每隔3 cm左右绕一圈，

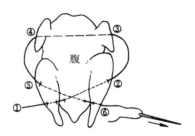

图 20-2　大型禽类的捆扎方法

直至另一端。

（4）将羊腿翻转，在背面每隔一道线打一个结，直至小腿骨处，与另一线头系紧，如图20-3所示。

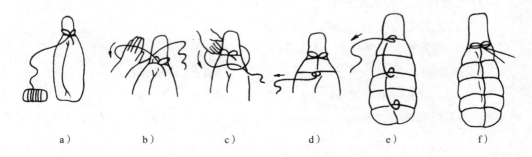

a）　　　　b）　　　　c）　　　　d）　　　　e）　　　　f）

图20-3　剔骨羊腿的捆扎方法

2．剔骨脊肉的捆扎方法

（1）将外脊肉剔除多余的脂肪及筋质。

（2）用线绳在牛外脊一端系好一圈。

（3）将线绳向另一端拉，每隔3 cm左右绕一圈，每绕一圈都要将线绳拉紧。

（4）当线绳绕到另一端后，将牛外脊翻转，再在背面每隔一道线绳打一个结，直到头部，与另一线头系紧。

3．大块带骨肉排的捆扎方法

（1）将肉排上多余的脂肪及筋质剔除。

（2）用线绳将肋骨之间的脊肉捆扎，每捆扎一圈后即用剪刀剪断，捆好最后一圈后不要剪断线绳。

（3）将线绳再纵向打结、拉紧，最后将线绳系牢，如图20-4所示。

图20-4　大块带骨肉排的捆扎方法

第二十一章

少司与汤

第一节 制作少司

一、金巴伦少司

1. 原料

红加仑果酱 500 g，橙皮 5 g，柠檬皮 5 g，橙汁 100 mL，柠檬汁 100 mL，波尔图酒 150 mL，英国芥末、红椒粉、盐各少量。

2. 制作过程

把橙皮、柠檬皮切成细丝，用清水煮沸，捞出晾凉，和所有原料放在一起搅拌均匀即好。

二、辣根少司

1. 原料

辣根 200 g，奶油 100 g，柠檬汁 50 mL，盐、胡椒粉少量。

2. 制作过程

把辣根擦成细蓉，把奶油打成膨松状，然后把所有原料混合在一起，搅拌均匀即好。

三、薄荷少司

1. 原料

薄荷叶 50 g，白醋 400 mL，凉开水 400 mL，糖 80 g，盐 10 g。

2. 制作过程

把薄荷叶切成碎末，与所有原料混合在一起，上火煮透，再晾凉即好。

第二节　制作海鲜汤

一、海鲜汤的概念

海鲜汤是指以各种海鲜为主要汤料，配上一些蔬菜，用鱼基础汤或虾基础汤调制的汤类。

二、制作实例（用料以 10 份量计算）

例1 海鲜汤

（1）原料

主料：鱼基础汤 2 500 mL。

汤料：净比目鱼肉 200 g，龙虾肉 200 g，蛤蜊肉 200 g，洋葱 50 g，大蒜末 50 g，芹菜 100 g，番茄 100 g，青蒜 50 g，烤面包 10 小片，番芫荽末少量。

调料：干白葡萄酒 400 mL，橄榄油 50 g，黄油 50 g，香叶 2 片，盐 15 g，番红花、胡椒粒少量。

（2）制作过程

1）把各种海鲜都切成小丁，加入少量鱼基础汤，用小火煮熟。

2）把洋葱、芹菜、青蒜切成丝，番茄去皮切成小丁。

3）把黄油和大蒜末搅拌均匀，抹在面包上，烤成金黄色。

4）用干白葡萄酒把番红花煮软，呈橘红色。

5）用橄榄油把洋葱丝、大蒜末、香叶、胡椒粒炒香，放入芹菜、青蒜稍炒，倒入鱼基础汤、干白葡萄酒和番红花，放入盐，开透。

6）把各种海鲜均匀地放在汤盘内，盛上海鲜汤，上面放烤面包片，撒上番芫荽末即好。

（3）质量标准

色泽：汤为浅橘红色，间有各种汤料的鲜艳色彩。

形态：流体，汤与汤料搭配均匀，汤料比例比一般汤品多。

口味：浓郁的海鲜味，适口的酸咸味。

口感：汤料鲜嫩适口。

例 2　龙虾浓汤

（1）原料

主料：鱼基础汤 2 500 mL。

汤料：龙虾 1 只，洋葱 200 g，胡萝卜 200 g，芹菜 200 g，面粉 30 g。

调料：黄油 50 g，雪利酒 100 mL，白兰地酒 50 mL，柠檬汁 30 mL，奶油 50 g，盐 15 g，香叶 2 片，胡椒粒、番红花少量。

（2）制作过程

1）把龙虾煮熟，取出肉，切成小丁，用原汤保温。

2）把龙虾壳拍碎，洋葱、胡萝卜、芹菜切成粗丝。

3）用黄油把龙虾壳、洋葱、胡萝卜、芹菜、香叶、胡椒粒炒香，加面粉稍炒，烹入白兰地酒、雪利酒，再倒入鱼基础汤，搅匀，用小火煮 1 h，用细罗过滤，然后调入番红花、盐、柠檬汁，开透。

4）把龙虾肉放在汤盘内，盛入龙虾汤，浇上奶油即好。

（3）质量标准

色泽：浅红色，间有奶油的白色。

形态：60 ℃以上时为流体。

口味：浓郁的虾香味，适口的酸咸味。

口感：虾肉鲜嫩，虾汤细腻。

例 3　意式鱼肉面条汤

（1）原料

主料：鱼基础汤 2 500 mL。

汤料：比目鱼 1 条，洋葱 200 g，胡萝卜 200 g，芹菜 200 g，番茄 200 g，熟细面条 200 g。

调料：黄油 50 g，植物油 50 mL，奶酪粉 20 g，盐 15 g，胡椒粉少量。

（2）制作过程

1）把比目鱼除去鳃、皮及内脏，洗净，用植物油煎上色。

2）把洋葱切成丝，胡萝卜、芹菜、番茄切成小丁。

3）用黄油把洋葱炒香，放入胡萝卜、芹菜、番茄稍炒，放入比目鱼及鱼基础汤，用小火把鱼煮熟。

4）将鱼去骨，鱼肉切成小块，放在汤盘内。

5）把煮熟的细面条放入汤中，加上盐、胡椒粉，开透，盛在汤盘内，撒上奶酪粉即好。

（3）质量标准

色泽：浅褐色。

形态：流体。

口味：鲜美，微咸。

口感：鱼肉鲜嫩，蔬菜软烂。

例 4　海蟹浓汤

（1）原料

主料：鱼基础汤 2 500 mL。

汤料：海蟹 2 只，烤面包丁 80 g，洋葱 100 g，胡萝卜 100 g，芹菜 80 g，番茄 100 g，牛奶 200 mL，大米 50 g。

调料：白兰地酒 10 mL，干白葡萄酒 200 mL，番茄酱 100 g，奶油 200 mL，橄榄油 50 mL，黄油 30 g，盐 15 g，胡椒粉少量。

（2）制作过程

1）把海蟹加工干净，剁成块。洋葱、胡萝卜、芹菜切成粗丝，番茄切成小丁。

2）用橄榄油把海蟹煎上色，烹入白兰地酒，放入黄油、洋葱、胡萝卜、芹菜炒香，加入干白葡萄酒，放入番茄、番茄酱炒透，倒入鱼基础汤、大米，用小火煮 30 min。

3）把蟹肉取出，放在汤盘内，汤用罗过滤。

4）在汤中加入牛奶、奶油、盐、胡椒粉，开透，盛入汤盘中，上面撒上烤面包丁。

（3）质量标准

色泽：浅红色，有光泽。

形态：60 ℃以上为流体。

口味：浓郁的蟹香味及酒香味。

口感：蟹肉鲜嫩，汤细腻滑润。

第三节　制作清汤

一、清汤的概念

清汤是指在基础汤中加入富含蛋白质的原料，如鸡蛋清、瘦肉末等，来清除汤中的杂质，从而形成更加清澈透明、鲜美的汤品，以及在此基础上加入简单配料所制成的汤类。

清汤的外文名称普遍使用法文的 consomme，是一种高档汤品，在西欧国家比较讲究。

二、清汤的分类

根据制作原料不同，清汤可分为牛清汤、鸡清汤、鱼清汤等。

1. 牛清汤

牛清汤是用牛基础汤制作的清汤。由于牛的生长期较其他动物长，所以其肌红蛋白较多，呈味物质比较充分，颜色比其他清汤深，口味也更鲜醇。

2. 鸡清汤

鸡清汤是用鸡基础汤制作的清汤。由于鸡组织中含有羰基化合物和含硫化合物等香料成分，所以鸡清汤中具有特殊的香味和香气，并且有轻微的硫黄气味。鸡清汤汤色较淡，呈淡黄色，这是因为鸡肉中的血红蛋白较少。

3. 鱼清汤

鱼清汤是用鱼基础汤制作的清汤。由于鱼组织中含有肌苷酸等鲜味成分，所以鱼汤具有独特的鲜美气味。由于鱼组织中血管分布少，血红蛋白也较少，所以汤色很淡，只略带浅黄色。

三、清汤的制作

1. 制作方法

选用含蛋白质丰富的原料，如瘦牛肉、鸡肉、蛋清等，做哪种汤，选哪种原料。下面以牛清汤为例加以说明。

（1）原料

主料：牛基础汤 2 000 mL。

辅料：瘦牛肉 500 g，鸡清汤或清水 100 mL，洋葱、胡萝卜、芹菜共 100 g，百里香 2 g，香叶 2 片，番芫荽 2 g。

（2）制作过程

1）把瘦牛肉剁烂，洋葱、胡萝卜、芹菜切成碎末。

2）把所有辅料放在一起搅拌均匀，放置 1 h。

3）把搅拌好的牛肉放入温和的牛基础汤内，上火加热，并用木铲轻轻搅动，当牛肉连成一块时，停止搅动，并改用小火煮 1 h，然后用细罗过滤即好。

（3）质量标准

色泽：浅褐色，清澈透明。

口味：香醇浓郁。

2. 制作原理

制作清汤利用了蛋白质的热致变性原理。制作清汤时先把所有辅料放置 1 h，把辅料放入汤中后，用木铲搅动，可以使蛋白质与汤液充分接触，因为造成汤液混浊的悬浮物主要是汤料中的血红蛋白，当加热后蛋白质变性凝固时，也把这些悬浮物凝固在一起，从而使汤液清澈透明。

3. 制作实例（用料以 10 份量计算）

在清汤中加入不同的汤料就可以制成许多清汤品种。但各种汤料的调配也不能随心所欲，因为清汤本身具有清澈、鲜美、清淡的特点，因此选择的汤料要能保持或突出清汤本身的特点。

例 1 清汤菜丝

（1）原料

主料：牛清汤 2 000 mL。

汤料：胡萝卜 40 g，白萝卜 40 g，芹菜 40 g，洋白菜 40 g。

调料：盐 15 g，胡椒粉少量。

（2）制作过程

1）把胡萝卜、白萝卜、芹菜、洋白菜都切成细丝，然后用水煮熟，用清水冲凉，控干水分。

2）把牛清汤热开，放盐、胡椒粉调味，起汤时调入菜丝。

（3）质量标准

色泽：浅褐色，清澈透明。

口味：鲜美，浓郁，微咸。

口感：菜丝脆嫩，爽口，不烂。

例 2　皇家清汤

（1）原料

主料：牛清汤 2 000 mL。

汤料：鸡蛋 85 g，牛奶 45 mL。

调料：盐 15 g，胡椒粉少量。

（2）制作过程

1）把鸡蛋与牛奶混合均匀蒸熟，切成菱形小片。

2）把牛清汤热开，放入鸡蛋片，煮制片刻，用盐、胡椒粉调味即成。

（3）质量标准

色泽：浅褐色，清澈透明。

口味：鲜美，浓郁，微咸。

口感：汤料软嫩。

例 3　校长清汤

（1）原料

主料：牛清汤 2 000 mL。

汤料：豌豆 50 g，鸡蛋 1 个，煮鸡肉 50 g，蘑菇 50 g。

调料：盐 15 g，胡椒粉少量。

（2）制作过程：

1）把豌豆碾碎，与鸡蛋混合均匀，蒸熟，切成小丁。煮鸡肉、蘑菇切成丝。

2）把汤料放入牛清汤内，热开，用盐、胡椒粉调味即好。

（3）质量标准

色泽：浅褐色，清澈透明。

口味：香醇鲜美，微咸。

口感：汤料软嫩适口。

例 4　曙光清汤

（1）原料

主料：鸡清汤 2 000 mL。

汤料：番茄 300 g，煮鸡肉 300 g。

调料：盐 15 g，胡椒粉少量。

（2）制作过程

1）把番茄去皮打成汁，煮鸡肉切成丝。

2）把番茄汁倒入汤内，放入鸡丝，热开，用盐、胡椒粉调味即好。

（3）质量标准

色泽：粉红色，清澈透明。

口味：鲜美，清香，微咸酸。

口感：汤料软嫩适口。

例 5　德式清汤

（1）原料

主料：牛清汤 2 000 mL。

汤料：红洋白菜 400 g，培根 200 g。

调料：盐 15 g，胡椒粉少量。

（2）制作过程

1）把红洋白菜切成丝，用沸水烫一下，用冷水过凉。

2）将培根切成丝，用油炒香，把油滤净。

3）牛清汤调味，放入菜丝和培根丝，煮开即好。

（3）质量标准

色泽：浅褐色，清澈透明。

口味：香醇鲜美，微咸。

口感：菜丝鲜嫩爽口。

第二十二章

热菜制作

第一节　制作烤类菜肴

一、操作要点

1. 烤的温度范围在 140~240 ℃。
2. 烤制不易成熟的原料要先用较高的炉温，当原料表面结壳后，再降低炉温。
3. 烤制易成熟的原料时，可一直用较高的炉温。
4. 如原料已上色，就要盖上锡纸再烤。
5. 烤制过程中要不断往原料上刷油，或淋烤肉原汁。

二、制作实例

例 1　烤火鸡配苹果（美）（roast turkey with apple）
（1）原料
主料：火鸡 1 只。
馅料：熟栗子 250 g，培根 200 g，火鸡肝 200 g，面包心 350 g，迷迭香、牛膝草少量，葱末 20 g，黄油 50 g，白兰地酒 30 mL，鸡汤 80 mL。
调料：洋葱 100 g，胡萝卜 100 g，芹菜 100 g，香叶 2 片，鸡烧汁 80 mL，红葡萄酒 30 mL，糖 20 g，盐 15 g，胡椒粉、肉桂粉微量。

配料：烤苹果及任意蔬菜。

（2）制作过程

1）用黄油把葱末炒香，放入培根丁、火鸡肝丁炒透，放入白兰地酒、盐、胡椒粉、迷迭香、牛膝草、面包心、熟栗子丁，并加适量鸡汤焖透成馅。

2）把火鸡洗净，撒上盐、胡椒粉及切碎的胡萝卜、洋葱、芹菜、香叶稍腌，然后在火鸡表面均匀地抹上一层油，放入烤盘。

3）把栗子馅瓢入火鸡嗉子，将嗉子捆紧，放入烤盘，连同火鸡一起放入烤炉，用较高的炉温烤，并将流出的汁液不断淋回火鸡上，再盖上锡纸，把火鸡烤至成熟。

4）把苹果核挖空，填上糖和肉桂粉放入烤箱内烤熟。

5）把烤火鸡的原汁过滤，去掉浮油，加入鸡烧汁，上火开透，调入盐、红葡萄酒，煮成原汁少司。

6）把配菜码放在盘边，每份一块火鸡腿、一块火鸡脯、一片瓢馅，浇原汁少司即可。

（3）质量标准

色泽：黄褐色。

形状：块状，整齐。

口味：浓香微咸。

口感：肉质鲜嫩不柴。

注：此菜也可整上。

例2　香醋汁烤鸡（法）（roast spring chicken with rosemary sauce）

（1）原料

主料：嫩鸡一只。

辅料：牛基础汤 400 mL。

调料：香醋汁 200 mL，黄油 80 g，盐 8 g，胡椒粉、奶油少量。

配料：各种时令蔬菜 400 g。

（2）制作过程

1）把鸡加工成 4 大块，去掉大骨，撒上盐、胡椒粉，抹上一层奶油，用沙拉油煎上色，放入 180 ℃的烤炉内烤 10~15 min。

2）把香醋汁倒入少司锅内煮干 1/2，再倒入牛基础汤煮浓。

3）把各种蔬菜切成丁，用沸水烫一下，用黄油炒熟，倒在盘中，把鸡块斜着片成片，放在蔬菜上面，浇上香醋汁即好。

（3）质量标准

色泽：金黄色。

形态：斜片状，整齐均匀。

口味：浓郁的醋香味，微咸。

口感：鲜嫩多汁。

例 3　香草烤羊排（法）（roast mutton chop with herb sauce）

（1）原料

主料：羊排 1 条。

辅料：香草面包蓉 50 g。

调料：芥末酱 20 g，盐、胡椒粉少量。

配料：烤土豆及任意蔬菜、香草少司适量。

（2）制作过程

1）把羊排加工整齐，撒上盐、胡椒粉，用油炸上色，放在烤盘内用 200 ℃的炉温烤至所需的火候。

2）把羊排取出，抹上一层芥末酱，撒上香草面包蓉，及时放回炉内烤至面包蓉上色。

3）把羊排切成每份 2 片，配上蔬菜即可，香草少司单上。

（3）香草面包蓉的制法

用料：蒜蓉、杂香草、面包蓉、黄油少量。

制作过程：用黄油把蒜蓉炒香，放入杂香草、面包蓉，拌匀即可。

（4）质量标准

色泽：深褐色。

形态：厚片状，整齐均匀。

口味：浓郁的香草味，微咸，辛辣。

口感：鲜嫩多汁。

例 4　烤牛外脊（法）（roast sirloin beef）

（1）原料

主料：牛外脊 1 条。

辅料：洋葱 50 g，芹菜 50 g，胡萝卜 50 g。

调料：红酒少司 200 mL，香叶 2 片，盐 8 g，胡椒粉少量。

配料：炸土豆条及任意蔬菜。

（2）制作过程

1）把牛外脊加工整齐，抹匀盐、胡椒粉，撒上切碎的洋葱、胡萝卜、芹菜和香叶，稍腌。

2）把牛外脊用沙拉油煎上色，放在烤盘内，再把腌外脊的调料用黄油炒香，撒在外脊肉上，用 200 ℃的炉温烤至所需火候。

3）把外脊肉切成片，配菜装盘，浇上红酒少司即可。

（3）质量标准

色泽：浅棕色，肉中间为浅红色。

形态：大片状，整齐均匀。

口味：鲜香微咸。

口感：鲜嫩多汁。

例 5　烤鱼青蛤汁（法）（roast fish with clam sauce）

（1）原料

主料：净鱼片 600 g。

辅料：青蛤 200 g，火腿末 50 g，培根末 50 g，鱼基础汤 500 mL，洋葱末、大蒜末、番芫荽末、面包渣少量，橄榄油适量。

调料：干白葡萄酒 300 mL，盐、胡椒粉、阿里根奴适量。

配料：土豆、橄榄及时令蔬菜。

（2）制作过程

1）在鱼片上撒匀盐、胡椒粉、阿里根奴，然后用橄榄油把培根末及部分洋葱末炒香，撒在鱼片上，把鱼腌入味。

2）用橄榄油把洋葱末、大蒜末炒香，放入青蛤稍炒，加入干白葡萄酒煮透，再放入鱼基础汤，用小火煮 45 min。

3）把青蛤汤倒入烤盘内，把鱼片放在青蛤上，再撒上面包渣、火腿末、番芫荽末，用 200 ℃炉温烤约 20 min。

4）把烤好的鱼取出，把青蛤汤倒入锅内加热，加入干白葡萄酒、盐、胡椒粉调味，过滤，成青蛤少司。

5）把鱼切成块，码在盘中央，盘边配上煮土豆、橄榄及时令蔬菜，周边浇上青蛤少司即可。

（3）质量标准

色泽：鱼肉洁白，表层呈金黄色。

形态：大块状，整齐不碎。

口味：鲜香、酒香，微咸。

口感：鲜嫩多汁。

第二节　制作焗类菜肴

一、操作要点

1. 焗烤的温度较高，一般在 180~300 ℃，可移动活动烤盘来调节温度。

2. 底层要浇上一层较稀的少司。

3. 上面的少司要稠些，要浇得厚薄均匀、平整。

二、制作实例（用料以 4 份量计算）

例1　焗蜗牛（法）

（1）原料

主料：蜗牛 24 个。

辅料：蜗牛黄油少司 200 g，黄油 80 g，洋葱、胡萝卜、芹菜各 50 g，葱末、蒜末少量。

调料：干白葡萄酒 30 mL，白兰地酒 5 mL，盐 5 g，杂香草、胡椒粉少量。

（2）制作过程

1）把洋葱、胡萝卜、芹菜切碎，加水煮沸，放入蜗牛稍煮，捞出。

2）用竹签把蜗牛肉挑出，去掉尾部，用煮蜗牛的原汁洗净。

3）用黄油把葱末、蒜末炒香，蜗牛肉稍炒，烹入白兰地酒、干白葡萄酒，调入盐、胡椒粉炒匀。待蜗牛肉凉后用镊子放入原壳内，在壳开口处塞上蜗牛黄油少司放在盘中，入炉焗上色即可。

（3）质量标准

色泽：金黄色。

形态：蜗牛原形。

口味：浓香，味美。

口感：鲜嫩。

例2　番茄焗鱼片（意）

（1）原料

主料：净鱼肉400 g。

辅料：番茄100 g，鱼汤80 mL。

调料：干白葡萄酒40 mL，橄榄油40 mL，鲜百里香4枝，盐5 g，柠檬皮、罗勒、胡椒粉少量。

（2）制作过程

1）把鱼肉斜片成片，番茄去皮切成小丁，百里香、柠檬皮切碎。

2）用盐、胡椒粉、百里香、罗勒、柠檬皮把鱼片腌入味，均匀地码在盘上。

3）在鱼片上浇上鱼汤、干白葡萄酒，撒上番茄丁，再淋上橄榄油，放入焗炉内焗熟。

（3）质量标准

色泽：乳白色，有光泽，间有番茄丁的红色。

形态：鱼肉呈片状，整齐不碎。

口味：鲜香，微咸酸。

口感：鲜嫩多汁。

例3　焗生菜牡蛎卷（法）

（1）原料

主料：鲜牡蛎12个，生菜叶4片。

辅料：莫斯林少司300 g，黑鱼子酱80 g。

调料：干白葡萄酒300 mL，奶油80 mL，盐5 g，粗盐50 g，胡椒粉少量。

（2）制作过程

1）把鲜牡蛎肉撕下，用白干葡萄酒煮一下。

2）生菜叶用热水烫一下，放上牡蛎肉包好。

3）把煮牡蛎的汁煮浓，加入奶油，再煮至浓稠，然后倒入莫斯林少司内，搅拌均匀。

4）把牡蛎肉放在壳内，浇上莫斯林少司，放入焗炉焗上色。

5）把牡蛎放在盘内，上面放上黑鱼子酱，盘内放些粗盐，以使牡蛎壳稳定。

（3）质量标准

色泽：金黄色，间有鱼子的黑色。

形态：表面丰满，不塌陷。

口味：鲜香，微酸咸。

口感：鲜嫩多汁。

例 4　培根焗鲜贝（意）

（1）原料

主料：鲜贝 400 g，培根 80 g。

辅料：菠菜 200 g，面包渣 30 g，洋葱 30 g，大蒜 20 g，番芫荽 10 g。

调料：干白葡萄酒 100 mL，奶油 50 mL，柠檬汁 50 mL，盐 5 g，阿里根奴、肉桂粉、胡椒粉少量。

（2）制作过程

1）用干白葡萄酒、柠檬汁、盐、胡椒粉把鲜贝腌入味，上面放上培根片，用牙签别好。

2）把菠菜用沸水烫软，剁碎，洋葱、大蒜、番芫荽切成碎末。

3）用黄油把洋葱、大蒜炒香，放入菠菜稍炒，放入盐、胡椒粉、奶油、肉桂粉炒透，倒入盘中。

4）用油把鲜贝下半部煎熟，再撒上面包渣、番芫荽末、阿里根奴，放入焗炉焗上色，码在炒菠菜上即可。

（3）质量标准

色泽：金黄色。

形态：鲜贝整齐不碎。

口味：鲜香，微咸。

口感：鲜嫩多汁。

例 5　奶酪焗猪排（意）

（1）原料

主料：净猪排肉 600 g。

辅料：奶酪 80 g，番茄 200 g，洋葱末 40 g，大蒜末 30 g。

调料：干红葡萄酒 100 g，黄油 100 g，辣酱油 200 mL，盐 7 g，罗勒、胡椒粉少量。

配料：炒意大利面条 200 g。

（2）制作过程

1）把净猪排加工成厚片，撒匀盐、胡椒粉，奶酪切成薄片，番茄去皮切成小丁。

2）用黄油把洋葱末、大蒜末炒香，放入番茄、干红葡萄酒、辣酱油、罗勒、盐、胡椒粉炒透。

3）用沙拉油把猪排煎上色，上面放奶酪片，入明火炉焗上色。

4）把番茄倒在盘中，上面放猪排，盘边配上意大利面条。

（3）质量标准

色泽：奶酪呈金黄色，间有番茄的红色。

形态：厚片状，整齐均匀。

口味：浓香、奶酪香，微咸。

口感：鲜嫩多汁。

第三节　制作铁扒类菜肴

一、操作要点

1. 铁扒的温度范围一般在 180~200 ℃。

2. 扒制较厚的原料时要先扒上色，再降低温度扒制。

3. 根据原料的厚度和客人要求的火候掌握扒制时间，一般在 4~10 min。

4. 金属扒条上要保持清洁，制作菜肴时要刷油。

二、制作实例（用料以 4 份量计算）

例1　铁扒外脊（法）

（1）原料

主料：牛外脊肉 720 g。

调料：白兰地酒 50 mL，盐 7 g，胡椒粉、净植物油各少量。

辅料：班尼士少司 160 g。

配菜：烤土豆及任意蔬菜 300 g。

（2）制作过程

1）把牛外脊肉横断面朝上放置，撒上盐、胡椒粉，加白兰地酒，抹上一层植物油稍腌。

2）把牛外脊肉放在扒炉上，扒上整齐的焦纹，至所需要的火候。

3）把配菜放在盘内，放上牛外脊肉，浇上班尼士少司。

（3）质量标准

色泽：棕褐色，有网状焦纹。

形态：长圆饼形。

口味：焦香，微咸。

口感：外焦里嫩。

例2　铁扒杂拌（俄）

（1）原料

主料：牛里脊肉200 g，猪通脊肉200 g，牛肝200 g。

辅料：培根80 g，火腿80 g，泥肠80 g，布朗少司200 mL。

调料：辣酱油50 g，盐7 g，胡椒粉少量。

配料：番茄120 g，洋葱120 g，鸡蛋4个。

（2）制作过程

1）把牛里脊肉、猪通脊肉、牛肝加工成厚片，撒匀盐、胡椒粉调味，用油煎熟，烹上辣酱油、布朗少司，开透。

2）把培根、火腿、泥肠、鸡蛋、洋葱、番茄用沙拉油煎上色。

3）把铁扒烧热，码上牛里脊肉、猪通脊肉、牛肝，再码上培根、火腿、泥肠、洋葱、番茄，上面放煎鸡蛋，再把布朗少司倒在铁扒上的少司斗内，趁热上台。

（3）质量标准

色泽：棕褐色，有光泽。

形态：主辅料为片状，整齐不散乱。

口味：浓香，微咸。

口感：鲜嫩多汁。

例3　铁扒鳕鱼（法）

（1）原料

主料：净鳕鱼600 g。

辅料：鱼基础汤200 mL。

调料：黄油100 g，干红葡萄酒100 mL，干白葡萄酒50 mL，盐7 g，胡椒粉、柠檬汁少量。

配料：炸土豆丝及时令蔬菜丝300 g。

（2）制作过程

1）把鳕鱼加工成8块，加干白葡萄酒、盐、胡椒粉、柠檬汁腌入味。

2）把鳕鱼放在扒炉上，扒上焦纹，并加热至熟。

3）把鱼基础汤倒在少司锅内上火煮浓，加入干红葡萄酒再煮浓，调入盐、胡椒粉，再放入软黄油，成红酒少司。

4）把时令蔬菜丝放在盘中间，上面放两块鳕鱼，炸土豆丝放在两块鱼中间，红酒少司浇在盘边即可。

（3）质量标准

色泽：浅褐色，有焦纹。

形态：鱼形整齐不碎。

口味：鲜香、酒香，微酸咸。

口感：焦嫩多汁。

例 4　铁扒大虾（俄）

（1）原料

主料：大虾 8 只，约 600 g。

辅料：面粉 50 g。

调料：黄油 200 g，干白葡萄酒 100 mL，奶油 80 mL，盐 7 g，胡椒粉少量。

配料：红白菜 100 g，番茄 100 g，酸黄瓜 100 g。

（2）制作过程

1）把大虾的须、腿剪去，从背部片开，使其腹部相连，除净虾线，撒匀盐、胡椒粉。

2）把大虾裹上薄薄一层面粉，抹上奶油，用黄油煎上色，烹入干白葡萄酒，再放在扒炉上扒上焦纹。

3）把大虾放在盘中间，浇上煎虾的原汁，盘边配上红白菜、番茄片、酸黄瓜即好。

（3）质量标准

色泽：大虾呈橘红色，有光泽，并带有焦纹。

形态：大虾呈半片状，平展，头、皮完整不脱落。

口味：鲜香、酒香，微咸。

口感：鲜嫩多汁。

第四节　制作串烧类菜肴

一、操作要点

1. 串烧菜肴要求刀口均匀一致。
2. 原料烧炙前要腌渍入味。
3. 肉串不要穿得过紧，以便于加热。
4. 肉串要均匀受热。

二、制作实例（用料以 4 份量计算）

例 1　羊肉串（欧陆）

（1）原料

主料：嫩羊肉 600 g。

调料：黑胡椒 2 g，迷迭香 1 g，百里香 1 g，洋葱末 6 g，盐 7 g，胡椒粉少量。

辅料：洋葱 50 g，青椒 50 g。

配料：里昂土豆 200 g。

（2）制作过程

1）把羊肉除去筋皮，切成 24 块，放在容器内，加上所有调料腌渍入味。

2）把洋葱、青椒切成块。

3）把羊肉、洋葱、青椒相间穿成串，放在扒炉上扒至所需的火候。

4）把肉串放在盘中间，拔去扦子，配上里昂土豆即好。

（3）质量标准

色泽：棕褐色。

形态：串状，整齐不散。

口味：焦香及适口的浓香，微咸。

口感：外焦里嫩。

例2 杂肉串（欧陆）

（1）原料

主料：猪肉160 g，牛里脊肉160 g，小牛肉160 g，培根70 g，泥肠100 g。

辅料：洋葱100 g，青椒100 g，蘑菇100 g。

调料：盐7 g，胡椒粉少量。

配料：东方炒饭200 g。

（2）制作过程

1）把猪肉、牛里脊肉、小牛肉切成块，撒上盐、胡椒粉稍腌入味。把培根切成片，把泥肠卷起来，洋葱、青椒切成块。

2）把加工好的猪肉、牛里脊肉、小牛肉、青椒、洋葱、培根、泥肠相间穿成8串，要把猪肉穿在顶端，以便成熟。

3）把肉串放在扒炉上烤至所需的火候，配上东方炒饭即可。

（3）质量标准

色泽：各色相间，有焦纹。

形态：串状，整齐不乱。

口味：焦香，微咸。

口感：外焦里嫩。

例3 鳜鱼串（法）

（1）原料

主料：净鳜鱼肉600 g。

辅料：洋葱80 g，青椒80 g，红花奶油少司200 mL。

调料：盐7 g，胡椒粉少量。

配料：炸土豆条及时令蔬菜。

（2）制作过程

1）把鳜鱼肉切成块，撒匀盐、胡椒粉，洋葱、青椒切成块。

2）把鳜鱼肉、洋葱、青椒相间穿成串，用沙拉油煎至成熟上色，放在盘内，撒去肉扦，浇上红花奶油少司即可。

（3）质量标准

色泽：白绿相间。

形态：串状，整齐不碎。

口味：鲜香，微咸。

口感：鲜嫩多汁。

例4 海鲜串（法）

（1）原料

主料：净海鱼肉 240 g，大虾 200 g，扇贝 160 g。

辅料：洋葱 80 g，青椒 80 g。

调料：干白葡萄酒 50 mL，柠檬汁 10 mL，盐 7 g，胡椒粉少量。

配料：莳萝少司 200 mL。

（2）制作过程

1）把鱼肉切成块，大虾切成段，洋葱、青椒切成块。

2）在鱼肉、大虾、扇贝上加盐、胡椒粉、干白葡萄酒、柠檬汁稍腌，与洋葱、青椒相间穿成 4 串。

3）把海鲜串用沙拉油煎熟，码在盘内，撤去肉扦，浇上莳萝少司即可。

（3）质量标准

色泽：白绿相间。

形态：串状，整齐不碎。

口味：鲜香，微咸。

口感：鲜嫩多汁。

第五节　制作高档菜肴

在西餐中有些原料比较名贵，如小牛肉、鹅肝、小牛核等，用这些原料制作的菜肴都属于高档菜肴。下面介绍几种典型的菜例。

例1 普罗旺斯煎小牛肉片（法）

（1）原料

主料：小牛后腿肉 600 g。

辅料：鸡蛋 1 个，鲜面包渣 100 g，面粉 80 g，番茄 100 g，水 50 mL，牛基础汤 400 mL。

调料：黄油 100 g，橄榄油 100 g，盐 5 g，胡椒粉、百里香、迷迭香、龙蒿、罗勒、番芫荽少量。

配料：炒时令蔬菜 400 g。

（2）制作过程

1）把小牛肉加工成大片，加盐、胡椒粉调味。

2）把鸡蛋、橄榄油、水、盐、胡椒粉放在容器内，搅拌均匀。

3）在鲜面包渣内加百里香、迷迭香、龙蒿、番芫荽、盐、胡椒粉、橄榄油，搅拌均匀。

4）肉片裹匀面粉，单面蘸鸡蛋液及调好的鲜面包渣，用油煎至成熟上色。

5）把牛基础汤煮干1/2，加番茄、罗勒、盐、胡椒粉、橄榄油煮透，过滤，再加软黄油调浓度。

6）把炒时令蔬菜配在盘边，小牛肉片放在盘中间，浇上少司即好。

（3）质量标准

色泽：肉片呈深褐色，有光泽。

形态：大片状。

口味：鲜香，有浓郁的香草味，微咸。

口感：鲜嫩多汁。

例2 苹果煎鹅肝（法）

（1）原料

主料：鹅肝400 g。

辅料：苹果320 g，葡萄少司240 mL。

调料：黄油200 g，盐6 g，胡椒粉、肉桂粉少量。

配料：煮土豆及时令蔬菜200 g。

（2）制作过程

1）把鹅肝片成2片，苹果去皮、去核，切成2片。

2）鹅肝上撒匀盐、胡椒粉，苹果上撒匀肉桂粉。

3）用黄油把鹅肝和苹果慢慢煎熟。

4）把鹅肝和苹果相间码在盘中央，盘边配上土豆及蔬菜，葡萄少司淋在鹅肝四周。

（3）质量标准

色泽：鹅肝呈棕红色，有光泽。

形态：鹅肝及苹果为片状，整齐。

口味：鲜香，咸酸适口。

口感：鲜嫩多汁。

例3 焖填馅小牛核（法）

（1）原料

主料：小牛核400 g。

馅料：鸡胸肉 200 g，蛋清 30 g，鲜奶油 200 mL，开心果仁 20 g，红甜椒 20 g，黑菌 15 g。

少司料：洋葱 100 g，芹菜 80 g，胡萝卜 80 g，香叶 1 片，百里香 1 g，干白葡萄酒 150 mL，鸡基础汤 60 mL，黄油 50 g，橄榄油 50 mL，盐 7 g，胡椒粉少量。

配菜：煮土豆及时令蔬菜 300 g。

（2）制作过程

1）在小牛核一端切开一个口，成袋状。

2）把鸡胸肉用搅打器打成泥，同时逐渐加入蛋清、奶油、盐、胡椒粉，再把开心果仁、红甜椒、黑菌切成小丁，放入鸡肉中搅匀。

3）把鸡肉馅用挤袋挤入小牛核中，撒上盐、胡椒粉，再蘸上面粉。

4）把小牛核用油煎上色，倒出多余的油，再放入黄油，然后放入洋葱丁、胡萝卜丁、芹菜丁炒香，再放入干白葡萄酒、香叶、百里香、鸡基础汤，盖上盖，放入 180 ℃的烤箱中焖 30 min。

5）把小牛核取出，在焖汁中放入鲜奶油调味，过滤成少司。

6）把小牛核切成片，码在盘中，盘边配上土豆及时令蔬菜，周围浇上少司即可。

（3）质量标准

色泽：乳白色，洁白光亮。

形态：小牛核呈片状，整齐不碎。

口味：浓香、奶香、酒香，微咸。

口感：软嫩。

第二十三章

制作冷菜

第一节　制作批类与冷肉类菜肴

一、批类制作

1. 肉批类制作

批是英文 pie 的译音，在西餐冷菜中泛指肉批，即将各种肉类、禽类等经腌制后制成馅料，再用批面包裹，放入模具内，经烘烤成熟后，灌入胶冻汁而制成的冷食。

例1　兔肉批

（1）原料

主料：兔腿肉 500 g，猪脊肉 200 g，小牛肉 200 g。

辅料：肥培根肉 200 g，火腿 50 g，开心果仁 50 g，蘑菇 50 g，胶冻汁 500 mL。

调料：奶油 200 mL，白兰地酒 10 g，盐、胡椒粉、混合香料适量。

批面：面粉 800 g，黄油 400 g，蛋黄 2 个，盐、水适量。

（2）制作过程

1）将兔腿肉、猪脊肉、小牛肉切成丁，用盐、胡椒粉、白兰地酒及混合香料腌制 12 h。

2）用绞肉机将腌制好的肉绞成馅，放入盐、胡椒粉、奶油搅打上劲，再加入火腿丁、蘑菇丁、开心果仁混合均匀。

3）将面粉过筛，加入盐、黄油、蛋黄拌匀，再加入适量冷水揉成面团。

4）将面团擀成 5 mm 厚的片，分成大小两片。取小片面做面盖，并在面盖上戳两个直径 2~3 cm 的圆孔。

5）将大片面放入抹有黄油的长方形模具内垫平，挤出四周及底部的空气，然后将肥培根肉片平摆在面上。

6）将肉馅填入模内压实，再用肥培根肉片包严，最后盖上面盖，并用蛋液将其与模内面片粘严。

7）用锡纸做两个圆筒，放在面盖的圆孔内，以便排气。然后用面在面盖上捏些花纹作装饰，表面刷上蛋液。

8）入 230~250 ℃烤箱烘烤 10 min 后降温至 180~200 ℃，并用锡纸盖住表面，以防将表面烤焦。

9）待成熟后取出，晾至温热时，从排气孔加入一部分胶冻汁，然后入冰箱冷藏。

10）待其完全冷却后，再加入剩余的胶冻汁直至加满为止，再入冰箱冷藏。

11）上菜时，将肉批从模内扣出，切成 1.5~2 cm 厚的片，配辣根少司、生菜即可。

（3）质量标准

色泽：外皮金黄，肉色浅褐。

形态：厚片状，整齐不碎。

口味：浓香，微咸。

口感：软烂，不干柴。

例 2　猪肉批

（1）原料

主料：猪后臀肉 1 000 g，鹅肝 300 g。

辅料：火腿 100 g，豌豆 50 g，鸡蛋 2 个，蔬菜（洋葱、胡萝卜、芹菜）100 g，胶冻汁 500 mL。

调料：黄油 100 g，马德拉酒 75 mL，糖、盐、胡椒粉、香叶、百里香、番芫荽梗、豆蔻粉适量。

批面：面粉 800 g，黄油 400 g，蛋黄 2 个，水、盐适量。

（2）制作过程

1）将猪后臀肉剔除多余的脂肪及筋质，切成条，用盐、胡椒粉、马德拉酒、豆蔻粉、蔬菜、香叶、百里香、番芫荽梗等腌制 12 h。

2）用黄油轻煎鹅肝，稍微上色即可。

3）将腌好的猪肉与煎好的鹅肝一起用绞肉机绞成很细的肉酱，加入鸡蛋搅打

上劲。

4）将火腿切成丁，豌豆煮熟，放入肉酱内搅拌均匀，用盐、胡椒粉调味。

5）将面粉过筛，加入黄油、蛋黄拌匀，再加入盐与适量的水揉成面团。

6）将批面擀成 4~5 mm 厚的面片，再分成大小两片。

7）将大片面片放入抹有黄油的长方形模具内垫平，平放入冰箱冷藏 1 h，以防烘烤时面片收缩过大。

8）将模具取出后放入肉酱，压实。

9）将小片面片戳两个直径 2~3 cm 的圆孔，放在模具上作为面盖，并用蛋液与大片面片粘严。

10）用锡纸做两个圆筒，放在面盖的圆孔内，再捏些花纹在面盖上作装饰，刷上蛋液。

11）入 200 ℃烤箱，先烘烤 20 min 左右，然后再降温至 170~180 ℃，直至成熟。

12）取出放至温热，通过排气孔注入部分胶冻汁，入冰箱冷藏，待其冷却后，再将剩余的胶冻汁注入模内，直至注满为止，再入冰箱冷藏，使其完全冷却。

13）食用时，将肉批从模内扣出，切成 2 cm 厚的片，配酸黄瓜即可。

（3）质量标准

色泽：外皮金黄，肉色浅红。

形态：厚片状，整齐不碎。

口味：鲜香，微咸。

口感：软嫩，不干柴。

例 3　小牛肉火腿批

（1）原料

主料：小牛肉 800 g，烟熏火腿 650 g。

辅料：冬葱 100 g，胶冻汁 500 mL。

调料：盐、胡椒粉适量，白兰地酒 50 mL，黄油 50 g。

批面：面粉 800 g，黄油 400 g，蛋黄 2 个，盐、水适量。

（2）制作过程

1）将小牛肉切成薄片，用盐、胡椒粉、白兰地酒腌制入味。

2）将面粉与黄油、蛋黄拌匀，加入盐及适量水揉成面团。

3）将火腿切成薄片，冬葱切成末，用黄油炒香。

4）将面团擀成 5 mm 厚的面片，分成大小两片。

5）将大片面片放入抹有黄油的长方形模具内垫平，然后将腌好的小牛肉片与火腿片相间叠放在模具内,并撒上炒香的冬葱末,直至将模具码满。

6)在小片面片上戳两个直径 2~3 cm 的圆孔,放在模具上作为面盖,并用蛋液将其与大片面片粘严。

7)用锡纸做两个圆筒,放在面盖的圆孔内,并在面盖上随意捏些图案作为装饰,刷上蛋液。

8)入 200 ℃ 烤箱烤 25 min 左右,然后降温至 170~180 ℃,直至成熟,取出。

9)待其放至温热时,从排气孔注入部分胶冻汁,入冰箱冷藏。

10)当完全冷却后,再将剩余的胶冻汁注入,直至注满为止,再入冰箱冷藏。

11)上菜时,将肉批扣出,切成 2 cm 厚的片即可。

（3）质量标准

色泽：外皮金黄,肉色棕褐。

形态：厚片状,整齐不碎。

口味：浓香,微咸。

口感：软烂不柴。

2. Terrine 类制作

Terrine 原意为陶瓷模具,是指将各种肉类、禽类、海鲜、鱼类及蔬菜等经腌制调味后,加工成条、片或馅泥状等,放入模具内,利用鸡蛋、鱼胶及肉类原料自身的蛋白质胶凝作用制成的冷食。因其制成后大多切成厚片状,故习惯上也将此类冷菜称为批类。这类冷菜的加工大多采用隔水烤的方法。

例 1 蔬菜批

（1）原料

主料：嫩扁豆 200 g,胡萝卜 200 g,嫩西葫芦 150 g,西蓝花 250 g,菜花 150 g。

辅料：奶油 200 mL,鸡蛋 6~7 个。

调料：盐、胡椒粉、豆蔻粉适量。

（2）制作过程

1)将蔬菜洗净,嫩扁豆撕去筋,胡萝卜去皮切成长条,西葫芦去皮、去籽切成长条,西蓝花、菜花分为小朵。

2)将蔬菜用盐水煮至断脆,取出,控干水分。

3)将奶油与鸡蛋混合,加盐、胡椒粉、豆蔻粉调味,搅拌均匀。

4)将长方形模具内抹油,然后依次在模具内摆上嫩扁豆、胡萝卜条、西葫芦条,最后将菜花根部朝上、西蓝花根部朝下分别摆好。

5)将奶油与鸡蛋的混合物浇入模具内,将原料浸没。

6）放入 120~130 ℃烤箱，隔水烤。模具内液体混合物的温度应保持在 70℃左右，以防温度过高，出现气孔，影响菜肴质量。

7）用牙签鉴别生熟，至其完全凝固后取出，晾凉，放入冰箱冷藏 2 h。

8）上菜时，将蔬菜批从模具内扣出，切成 1 cm 厚的片，配香草奶酪汁即可。

（3）质量标准

色泽：浅黄色，艳丽多彩。

形态：片状，整齐不碎。

口味：浓香，微咸。

口感：软嫩可口。

例 2 冷鸡肉批

（1）原料

主料：鸡胸肉 250 g，猪通脊肉 200 g，猪肥膘 150 g，鸡肝 100 g。

辅料：火腿 100 g，蘑菇 50 g，开心果 50 g，鸡肝 4 块。

调料：奶油 100 mL，白兰地酒 25 mL，干白葡萄酒 50 mL，盐、胡椒粉、豆蔻粉、植物油适量。

（2）制作过程

1）将主料用绞肉机绞成肉馅，然后逐渐加入奶油、白兰地酒、干白葡萄酒搅打上劲，用盐、胡椒粉、豆蔻粉调味，搅成肉胶状，用保鲜膜包严，入冰箱冷藏 12 h。

2）用植物油将辅料中的鸡肝煎上色，开心果用热水略烫去皮，火腿、蘑菇切成丁，并与肉馅混合搅匀。

3）将肉馅放入抹油的长方形模具内，填满压实。

4）模具上盖锡纸，入 180 ℃烤箱隔水烤，直至成熟。

5）取出模具，冷却后压上重物，入冰箱冷藏 12 h。

6）食用时，将冷鸡肉批扣出模具，切成 1 cm 厚的片，配酸黄瓜即可。

（3）质量标准

色泽：浅褐色，表面光洁。

形态：厚片状，整齐不碎。

口味：鲜香，微咸。

口感：软嫩，肥润。

二、冷肉类制作

西餐冷菜中所用冷肉类食品一般可分为两部分：一部分是食品加工厂加工的成品，如各种火腿、肉肠、腌制或熏制的肉类及鱼子酱等，可直接加工切配食用；另一部分是由厨师加工制作的，主要是烤焖的肉类、禽类等，如冷烤牛肉、各种肉酱、冷肉卷、冷填馅鸡、冷填馅鱼等。

例1 冷烤牛外脊

（1）原料

主料：牛外脊1条，2 000~2 500 g。

辅料：植物油200 g。

调料：盐、胡椒粉、生菜、辣根少司适量。

（2）制作过程

1）将牛外脊去筋及多余油脂，撒上盐、胡椒粉调味，放入烤盘内。

2）入烤箱，先高温230~250 ℃烤大约30 min后，根据情况降温至180~200 ℃。烤制过程中应随时往牛肉上抹油。

3）将牛肉烤制四五成熟或七八成熟。

4）取出，晾凉，切成0.5 cm厚的片。

5）食用时，配生菜和辣根少司即可。

（3）质量标准

色泽：四周呈浅褐色，中间鲜红。

形态：片状，中间带血汁。

口味：醇香，微咸。

口感：鲜嫩，不干柴。

例2 冷鸡肉卷

（1）原料

主料：净鸡1只，800~1 000 g。

辅料：牛肉150 g，猪肉150 g，火腿100 g，豌豆50 g，鸡蛋1个，奶油100 mL。

调料：干白葡萄酒50 mL，盐、胡椒粉、鼠尾草、香叶、蔬菜适量。

（2）制作过程

1）将净鸡背开，剔去胸骨、腿骨、翅骨等，平放于板上，用刀将硬筋剁断，撒上盐、胡椒粉调味。

2）用绞肉机将牛肉、猪肉绞成馅，然后逐渐加入奶油、鸡蛋、干白葡萄酒搅打上劲，并用盐、胡椒粉、鼠尾草调味。

3）将肉馅平铺在鸡肉上，撒上火腿丁和煮熟的豌豆。然后将鸡肉卷成卷，用纱布包紧，用线绳捆扎好。

4）将鸡肉卷放入汤锅中，加入水、蔬菜、香叶，水开后改小火微沸，煮至成熟，大约 1 h。

5）取出，冷却，去除线绳及纱布，将鸡肉卷码于盘内，用蔬菜等在鸡肉卷表面做上装饰图案，然后浇上胶冻汁，入冰箱冷藏。

6）待其完全冷却后取出，切成 1.5~2 cm 厚的片即可。

（3）质量标准

色泽：浅黄色。

形态：圆筒形，切片后整齐不碎。

口味：浓香，微咸。

口感：软嫩适口，不干柴。

例3　肝酱

（1）原料

主料：肝（鸡肝、鸭肝、鹅肝皆可）1 000 g。

辅料：瘦猪肉 500 g，培根 100 g。

调料：黄油 250 g，洋葱 100 g，大蒜 25 g，盐、胡椒粉、百里香、豆蔻粉适量。

（2）制作过程

1）将肝去筋、去胆，洗净切成块，将洋葱、大蒜切碎，猪肉切成块。

2）用黄油炒葱末、蒜末，加入百里香和肝至肝变硬，晾凉。

3）将炒好的肝、葱末、蒜末同猪肉一起用绞肉机绞碎、绞细，再用细筛滤去粗质。

4）然后用盐、胡椒粉、豆蔻粉调味，搅拌均匀。

5）将陶瓷模具内垫上培根片，然后将混合物放入陶瓷模具内，再盖上培根片。

6）将模具放入注有一半水的烤盘内，放入 180~200 ℃烤箱隔水烤约 1 h，直至成熟。

7）晾凉，除去培根。

8）与吐司面包一同食用。

（3）质量标准

色泽：深棕色。

形态：酱状，表面一层脂肪。

口味：鲜香，微咸。

口感：细腻肥润。

例 4　冷填馅鸡

（1）原料

主料：整鸡 1 只。

辅料：蛋清 150 g，牛奶 200 mL，豌豆 100 g，胡萝卜 100 g。

调料：盐、胡椒粉、豆蔻粉、鼠尾草适量，蔬菜 200 g，香叶、胡椒粒适量。

（2）制作过程

1）将整鸡脱骨，将整只鸡皮小心脱下，去除内脏，把净肉剔下、洗净。

2）将鸡肉绞成肉馅，逐渐加入蛋清、牛奶搅打上劲，用盐、胡椒粉、豆蔻粉、鼠尾草调味，再加入豌豆、胡萝卜丁拌匀。将肉馅填入鸡皮内并用线缝好，再用纱布包紧，捆扎牢固。

3）将鸡放入汤锅内，加水、蔬菜、香叶、胡椒粒，上火煮熟，取出。

4）待鸡凉透后，去掉纱布，抽出缝线，切成 1.5~2 cm 厚的片。

（3）质量标准

色泽：肉色呈浅黄色，红绿相间。

形态：片状，整齐不碎。

口味：鲜香，微咸。

口感：软嫩适口，不干柴。

第二节　冷菜装盘工艺

　　冷菜的装盘是衡量冷菜质量的重要标准之一。众所周知，菜肴的色、香、味、形是衡量菜肴质量的四大要素。菜肴装盘美观与否会直接影响菜肴的整体质量，对于冷菜来讲，装盘的美观与否至关重要。

　　西餐冷菜的装盘灵活性较大，没有太多的固定模式，但一个高明的厨师可以根据不同的主题、不同的材料、不同的季节等，搭配出各种风格迥异、色调和谐、样式典雅的装盘，以烘托就餐的气氛，提高客人的食欲。冷菜装盘所起的作用往往超过了烹

调的作用。

一、冷菜装盘的基本要求

1. 清洁卫生

冷菜装盘后是直接供客人食用的，因此菜肴的清洁卫生尤为重要。冷菜装盘时应避免与任何生鱼、生肉等接触，直接装盘的新鲜蔬菜，如生菜、番芫荽、番茄、黄瓜等也必须经过清洗处理。此外，装盘时所使用的刀具、器皿等也要经消毒处理，以防污染。

2. 刀工简洁

西餐冷菜的装盘在刀工处理上要注意简洁。刀工处理简洁不但可以节省时间，更重要的是能保持菜肴的清洁卫生。此外，还应尽量利用原料的自然形状进行刀工处理，避免过多的精雕细刻。

3. 样式典雅

西式冷菜大多是作为全餐的第一道菜，因此其装盘形状美观与否将会直接影响客人的食欲。在装盘的样式上要力求自然典雅、美观大方，另外还要考虑到客人的身份、季节特点、宗教信仰、风俗习惯等。

4. 色调和谐

冷菜装盘时如果在色调上处理得好，不仅有助于形状美，而且能显示其内容的丰富、色彩搭配的协调，会给人一种清新、自然、和谐的感觉和美的享受。

此外，冷菜在装盘时还应重视对器皿的选择，要根据菜肴的色泽、形态、规格等来选择器皿，以使其与菜肴的色彩、形态达到和谐、统一。

二、冷菜的装盘方法

1. 沙拉的装盘

沙拉的装盘并没有一定之规，但要讲究色彩配合的协调与器皿搭配的和谐，总的原则是使客人易食、易取，给人以美的享受。沙拉的装盘一般有以下几种方式。

（1）分格装盘。适用于不同风味、不同味道的原料，多用于自助餐、冷餐酒会等，还可视需要配以碎冰，以保持沙拉的清新、爽洁，诱人食欲。

（2）圆形装盘。一般是在沙拉盘内先垫上生菜叶等围边作装饰，然后将调制好的沙拉放在中间，堆码成丘状，使菜肴整体造型生动美观。

（3）混合装盘。主要用于不同颜色及用多种原料调制的沙拉的装盘。装盘时要注意色泽的搭配、造型的美观。这类沙拉的调味汁一般多选用色浅、较淡、较稀的醋油汁或法国汁等，以保持原料原有的色泽和形态。

2. 其他冷菜的装盘

西餐冷菜种类繁多，其装盘方法也是多种多样，通常有以下几种装盘方式。

（1）平面式装盘。即将各种冷菜，如批类、冷肉类、胶冻类等经不同刀工处理后，平放于盘内。

（2）立体式装盘。主要用于高档冷菜的装盘。一般是将整只的禽类、鱼类、龙虾及其他大块肉类原料等，通过厨师的构思、设计和想象装摆成各式各样的造型，再用其他装饰物搭配成高低有序、层次错落、豪华艳丽的立体式装盘。

（3）放射状装盘。主要用于自助餐、冷餐酒会及高级宴会的大型冷盘的装盘。一般是用冰雕、黄油雕及大型禽类或酱汁等为主体，周围呈放射状装摆上各种冷菜。装摆时应注意各种冷菜原料色泽、造型之间的搭配。

第二十四章

第一节　菜肴价格计算

一、菜肴价格特点

1. 价格构成的特殊性

由于菜肴生产过程也是企业产、销、服务的过程，所以菜肴价格的构成从理论上讲，应当包括菜肴从生产到消费的全部费用和各个环节的利润、税金，即菜肴价格的构成应是菜肴原料成本、生产经营费用、利润和税金四部分内容之和。但是各种菜肴在加工和销售过程中，除原料成本以外，其他经营费用，如工资、水、电、燃料的消耗等很难按各种菜肴的生产实际消耗直接计算。所以长期以来，人们在核定菜肴价格时，只将原料成本作为成本要素，将生产经营费用、利润、税金合并在一起称为"毛利"，用以计算饮食产品的价格。菜肴价格的构成通常用下面的公式表示：

$$菜肴价格 = 原料成本 + 生产经营费用 + 利润 + 税金$$

或：

$$菜肴价格 = 原料成本 + 毛利$$

2. 价格水平的灵活性

菜肴的价格受原料进价成本、产品种类、质量、规格等多方面因素的影响，必然带来价格上的差异，所以菜肴的价格水平是很灵活的。为此，餐饮经营者必须根据企业的具体情况，灵活掌握菜肴的价格水平，始终保持和市场的最佳适应性。

3. 价格形式的多样性

菜肴品种多，应用范围广，价格随着制品的不同用途而呈多样性，为此，餐饮经营者必须充分认识菜肴产品价格的多样性，要根据菜肴的质量、销售方式灵活掌握价格标准，以适应各种类型的消费者各种形式的消费需要。

4. 价格管理的时令性

菜肴价格的时令性是由原料的时令性、市场需求的季节性决定的。为此，管理者既要坚持灵活进出、时菜时价的原则，又要根据季节、时令和市场需求变化，在调整菜单的过程中调整产品价格。

二、菜肴价格的制定原则及方法

1. 制定原则

菜肴价格是根据"按质论价、优质优价、时菜时价"的原则，结合本企业的特点确定的。具体应遵循以下原则：

（1）价格要反映产品的价值。

（2）价格必须适应市场需求。

（3）制定价格既要相对灵活，又要相对稳定。

（4）制定价格要服从国家政策，接受物价部门指导。

2. 制定方法

饮食企业制定价格的方法有多种，如"随行就市"法，系数定价法，毛利率法，主要成本率法，本、量、利综合分析定价法等，在厨房范围内以前三种常见。

（1）"随行就市"法。这种方法在实际中经常使用，是制定价格最简单的方法，是把竞争同行的菜肴价格为己所用。

（2）系数定价法。这种方法是以成本为出发点的定价方法。

（3）毛利率法。这种方法是以菜肴的毛利率为基数的定价方法。

三、产品价格策略

1. 满意利润策略

以争取正常利润为主，重点在掌握企业综合毛利率和分类毛利率的基础上，使产品价格补偿原料成本和营业费用后，有比较合理的利润。

2. 市场占领策略

制定产品价格以占领市场为主要目标，它包括占领新的市场和扩大原有产品的市场占领率。

3. 声望价格策略

制定产品价格以创造企业某种风味、某类产品的名贵形象，形成市场声望，获得较好的经济效益为目标。

4. 竞争价格策略

制定产品价格以开展市场竞争，扩大产品销售，增强企业竞争能力为主要目标。

5. 心理价格策略

在掌握顾客心理的基础上，通过定价刺激客人消费，获得良好经济效益。

四、产品定价程序

1. 判断市场需求

在市场调查的基础上，掌握消费者对产品价格的接受程度，判定产品的市场需求。

2. 确定定价目标

在保持产品价格和市场需求最佳适应性的基础上，确定定价目标，从而达到产品的价格既能使客人接受，又能使企业获得利润的目的。

3. 预测产品成本

确定价格目标后，分析产品的成本和费用水平，为制定产品价格提供客观依据。

4. 分析同行竞争对手价格

价格是企业开展市场竞争的重要手段，在分析同行竞争对手同一档次、同种规格和同类产品价格的基础上，选择自己的定价策略。

5. 制定毛利率标准

产品价格是根据产品成本和毛利率来制定的。毛利率的高低直接决定价格水平。因此，在确定产品价格前必须要确定合理的分类毛利率和综合毛利率标准。

分类毛利率是某一类餐饮产品的毛利额与产品销售价格或原料成本的比率。综合毛利率是某一等级、某种类型的企业餐饮产品的平均毛利率。

6. 选择定价方法

根据产品价格目标的不同，定价方法也不一样，常见的有以成本为中心、以利润为中心和以竞争为中心的方法。各企业应结合自己产品的定价目标来选择具体的定价方法。

五、毛利率

1. 毛利率的计算

毛利率是毛利与某些指标之间的比率，厨房常用的指标是成品销售价格和成品的原料成本，以这两个指标定义的毛利率称为销售毛利率和成本毛利率。

（1）销售毛利率又称内扣毛利率，是菜肴毛利额与菜肴销售价格间的比率。其公式是：

$$销售毛利率 = \frac{菜肴毛利额}{菜肴销售价格} \times 100\%$$

例 1　奶油烩海鲜 1 份，其成本为 28 元，销售价格为 50 元，这份菜肴的销售毛利率应是多少？

解：　　　　奶油烩海鲜毛利额 =50–28=22（元）

$$销售毛利率 = \frac{22}{50} \times 100\% = 44\%$$

答： 奶油烩海鲜的销售毛利率为 44%。

根据价格构成公式，销售毛利率与成本率有下述关系：

$$销售毛利率 + 成本率 =1$$

（2）成本毛利率又称外加毛利率，是菜肴毛利额与菜肴成本之间的比率。其公式是：

$$成本毛利率 = \frac{菜肴毛利额}{菜肴成本} \times 100\%$$

例 2　一份炸猪排的成本为 10 元，其销售价格为 19 元，求炸猪排的成本毛利率。

解：　　　　炸猪排毛利额 =19–10=9（元）

$$成本毛利率 = \frac{9}{10} \times 100\% = 90\%$$

答： 炸猪排的成本毛利率为 90%。

2. 毛利率的换算

在菜肴的销售价格和耗料成本一致的情况下，销售毛利率与成本毛利率间有如下关系：

$$成本毛利率 = \frac{销售毛利率}{1- 销售毛利率}$$

$$销售毛利率 = \frac{成本毛利率}{1+成本毛利率}$$

例3 海鲜杯的成本毛利率为72%，在产品成本不变的条件下，试换算为销售毛利率。

解：
$$销售毛利率 = \frac{72\%}{1+72\%} \approx 41.86\%$$

答： 海鲜杯的销售毛利率为41.86%。

例4 煎牛扒的销售毛利率为60%，在产品成本不变的条件下，其成本毛利率是多少？

解：
$$成本毛利率 = \frac{60\%}{1-60\%} = 150\%$$

答： 煎牛扒的成本毛利率是150%。

3. 毛利率确定的一般原则

（1）凡与普通客人关系密切的一般产品，毛利率从低。宴会、名点、名菜、风味独特的餐饮产品，毛利率从高。

（2）技术力量强，设备条件好，费用开支大，服务质量高，产品用料名贵，质量好，货源紧张，产品加工复杂、精细的，毛利率从高；反之从低。

（3）团体或会议客人的餐饮产品批量大，单位成本相对较低，毛利率从低。零散客人的餐饮产品批量小，服务细致，单位成本高，毛利率应略高一些。

4. 毛利率的核算

在厨房范围内，若无特别说明，毛利率的核算指的是对销售毛利率的核算。毛利率的正确核算是考核厨房经营情况的重要指标，它可以检查厨房在经营上是否保持合理的盈利水平、是否正确执行国家的价格政策。

毛利率核算的方法是以一定的期间为核算区间的，首先计算出这期间的菜点销售额和全部耗用原料成本，然后利用公式求出销售毛利率。此外还要将毛利率的核算结果与上级主管部门所规定的水平进行比较，以确定厨房经营情况的优劣。

例5 某厨房某日的菜点销售额为1 035元，其中全部耗用原料成本500元，有关主管部门规定这个厨房的销售毛利率为50%，试求实际销售毛利率和毛利率的相对误差。

解：
$$销售毛利率 = \frac{销售额-成本}{销售额} \times 100\%$$

$$= \frac{1\,035-500}{1\,035} \times 100\%$$

$$\approx 51.69\%$$

$$相对误差 = \frac{51.69-50}{50} \times 100\% = 3.38\%$$

答：销售毛利率为 51.69%，相对误差为 3.38%。

六、产品价格计算

1. 成本毛利率法

成本毛利率法又称外加法、加成率法，它是以耗用原料成本作为基数定义的毛利率来计算的。其计算公式为：

$$菜肴销售价格 = 菜肴原料成本 \times （1+ 成本毛利率）$$

例 6 制作某菜肴 20 份，用 A 种原料 2 kg，40 元 /kg；B 种原料 2 kg，35 元 /kg；C 种原料 1.5 kg，30 元 /kg。若成本毛利率为 80%，求菜肴的单位售价。

解：
$$菜肴总成本 = 2 \times 40+2 \times 35+1.5 \times 30$$
$$= 80+70+45$$
$$= 195（元）$$

$$菜肴单位成本 = \frac{195}{20} = 9.75（元 / 份）$$

$$菜肴单位售价 = 9.75 \times （1+80\%）= 17.55（元）$$

答：菜肴的售价为每份 17.55 元。

2. 销售毛利率法

销售毛利率法又称内扣法、毛利率法，它是以销售价格为基数定义的毛利率来计算的。其计算公式为：

$$菜肴销售价格 = \frac{菜肴原料成本}{1- 销售毛利率}$$

例 7 炸猪排 1 份，用猪通脊肉毛重 0.5 kg，进价 16 元 /kg；用油 200 g，进价 5 元 /kg；配菜 100 g，进价 12 元 /kg；面包渣等小料 50 g，平均 8 元 /kg。若按销售毛利率 45% 计算，求炸猪排的单位售价。

解：
$$炸猪排单位成本 = 0.5 \times 16+0.2 \times 5+0.1 \times 12+0.05 \times 8$$
$$= 8+1+1.2+0.4$$
$$= 10.6（元）$$

$$炸猪排单位售价 = \frac{10.6}{1-0.45} \approx 19.27（元）$$

答： 炸猪排的单位售价为每份 19.27 元。

3. 系数定价法

系数定价法是以菜肴原料成本乘以定价系数计算价格的方法。其中，定价系数是计划菜肴成本率的倒数。成本率是菜肴成本与销售价格的比率，即成本率＝菜肴原料成本／销售价格 ×100%。如某菜肴计划其成本率为 50%，那么定价系数为 2。用公式表示为：

$$售价 = 菜肴成本 × 定价系数$$

例 8 已知一份土豆沙拉的成本为 4 元，计划土豆沙拉的成本率为 50%，求土豆沙拉的售价。

解： $$售价 =4 × \frac{1}{50\%} =4 × 2=8（元）$$

答： 土豆沙拉的售价是 8 元。

第二节 合理烹调

食物中的营养素在加工过程中会发生一系列复杂的理化变化。有些营养素，如蛋白质、脂肪、糖类等通过加热变得更易被人体消化吸收；有些营养素则或多或少地损失掉一些，如一些可溶性维生素、无机盐等。为了做到合理烹饪，需要了解营养素损失的原因，以采取必要的措施，最大限度地保存营养素，达到合理营养的目的。

一、烹调工艺中营养素损失的原因

食物中所含的营养素经过烹调加工，除蛋白质、脂肪和糖类损失破坏较少外，维生素及各种无机盐均易遭到不同程度的破坏和损失，其原因可归纳为以下几点。

1. 溶解流失

一般原料在烹调之前均需洗涤或切配，由于洗涤、切配方法不得当，会造成一些水溶性维生素及无机盐的流失。

例如，维生素分为水溶性和脂溶性两种，水溶性维生素只溶于水，传统的洗涤方法将使大量的水溶性维生素随水流失。厨房中传统的淘米方法会使米中的水溶性维生素随着被弃掉的水而大量流失，其中维生素损失36%~60%，见表24-1，而无机盐也损失近20%。

表24-1　米经冲洗后维生素损失情况

维生素种类	冲洗前维生素含量 （mg/100 g）	冲洗后维生素含量 （mg/100 g）	维生素损失 （%）
维生素 B_1	0.1	0.04	60.0
维生素 B_2	1.9	1.0	47.0

我国食品工业发展纲要已明确发展"不淘洗米"，即在碾米机出口处加装适当的风力装置，除去附着于米粒上的细糠，大米用食品塑料袋密封包装，食用时可直接下锅。这样不仅保留了米中的水溶性维生素，还由于密封包装的大米处于缺氧状态，可以有效地抑制害虫和微生物生长，提高储藏品质。

又如，蔬菜和水果中的维生素及无机盐大量存在于细胞汁液中，由于加工方法不得当而使营养素大量流失。比如先切后洗，造成部分维生素和无机盐等营养素通过切口溶解到水里而损失掉。制馅时，原料切得越碎，冲洗的次数越多，或用水浸泡的时间越长，溶于水中的营养素就损失得越多。

另外，一些烹调方法及饮食习惯也易造成营养素的损失。如吃捞面条时将面汤弃掉，可使维生素 B_1 损失49%，维生素 B_2 损失57%，烟酸损失22%；用捞饭法做米饭把米汤去掉再蒸，一部分营养素随汤损失，其中维生素 B_1 损失67%，维生素 B_2 损失50%，烟酸损失76%。

沸水焯料虽然可以去掉原料中的草酸，但也使食物中的其他营养素损失很大。用某些蔬菜制馅时，即存在这一问题。如白菜切后沸水焯2 min，取出后挤去菜汁，可使维生素C损失77%。

2. 加热损失

加热是将原料制成成品的主要工艺过程，它一方面可以使食物中的营养素便于人体消化吸收，另一方面又会使一些营养素遭到破坏，特别是维生素C、胡萝卜素等营养素遇热损失的程度尤为突出。

例如，在煮鸡汤时，鸡肉中的可溶性蛋白质、矿物质、脂肪会从肉中溢出而溶于汤中，使汤不仅味美而且营养丰富，但是不耐热的维生素却有所损失，如清炖可使维生素 B_1 损失60%~65%。

在烹调工艺中，炸和烤使维生素损失得最为严重，其中维生素 B_1、维生素 B_2 及

249

烟酸损失多达 50%；其次是蒸、煎、烙，蒸可使维生素 B_1 损失 41%~47%；如果煮制食品可连汤一起吃掉，则营养素损失较少。

烹调加热的温度越高、时间越长，维生素的损失也就越多。

3. 氧化损失

食物中的一些营养素有被氧化而遭到破坏的特性，当食物被切开后与空气中的氧气接触而使一些营养素被氧化损失。

例如，黄瓜切成薄片后 1 h，其中的维生素 C 就损失 33%~35%，放置 3 h 损失可达 41%~49%。这主要是因为切口长时间接触空气中的氧气，使维生素被氧化而损失。

加工工艺中，原料切得越小、越碎，放置的时间越长，氧化的面积就越大，维生素损失得也越多。

4. 加碱损失

维生素 C、维生素 B_1、维生素 B_2 等遇到碱性物质时，很容易被分解，因此在烹调过程中加碱可增大维生素的损失。

例如，做馒头时加碱、煮粥时为增加黏稠度加碱、煮豆时为使其易熟而加碱、做绿色蔬菜馅时为使其嫩绿而加碱的方法，都使 B 族维生素大量被破坏。这也是我国人民膳食结构中缺少维生素的主要原因之一。同时碱性越大，越不利于矿物质的吸收。

二、烹调过程中营养素的保护措施

在烹调过程中，为减少营养素的损失，使食物中的营养素充分被人们所利用，应采取下列保护措施。

1. 合理洗涤

对于各种食品原材料，应避免用力搓洗和多遍淘洗，以洗净为度，不要过分用力搓洗，以免将原料的表面细胞壁搓坏，使营养素随水流失或氧化损失。

2. 科学切配

这包括三方面的含义：一是对于各种原料，要先洗后切；二是要尽量减少切配与熟制之间的时间，因为实践证明，切配与熟制之间的时间间隔越长，营养素损失得越多；三是在工艺允许的情况下，应尽量将原料切得相对大一些。

3. 上浆挂糊

上浆挂糊是烹调过程中较为常见的一种方法，它可以使食品原料的表层形成保护层，从而避免食物中营养素受高温而遭破坏，同时减少原料汁液的流出。这种方法值得提倡。

4. 适当加醋

食品中几种重要的维生素极易被碱破坏，而酸性液体能使维生素较稳定。在烹调中适量加醋，可使维生素 B_1、维生素 B_2、维生素 C 增加稳定性。例如在制作带有骨头的菜肴时适量加一些醋，可以促进骨头中钙的溶解，使汤中钙的含量大大提高，从而增加人体对钙的吸收。

5. 提倡鲜酵母发酵

制作面食时使用鲜酵母发酵，一方面可增加 B 族维生素，另一方面可破坏面粉中的植酸盐，有利于钙和铁的吸收。西式面点中用酵母做面包的工艺值得推广。

6. 正确使用熟制方法

食物中的营养素在不同加热方法中会受到不同程度的破坏和损失，因此要正确使用熟制方法。

对于含水溶性维生素较多的原料，应采取急火快炒的烹调方法，这样可以避免水溶性维生素的流失，同时还可以去掉植物性原料中的草酸，有利于人体对钙的吸收。对于需整制的鸡、鸭等动物性原料，为避免大量汁液流出，应采取先急火后慢火的烹调方法。

第二十五章

第一节　厨　房　会　话

对话（一）

A：Good morning, Mr Hays.

早上好，海斯先生。

B：Good morning, Mr Li.

早上好，李先生。

A：Can you tell me what my duty is for today?

请问，今天我干什么工作？

B：Please clean the vegetable.And prepare the ingredients for breakfast.

请将这些蔬菜洗净，然后去准备早餐的原料。

A：OK. Is there anything else you want me to do?

好的。还有别的什么事需要我干吗？

B：Nothing else, thank you.

没有了，谢谢。

对话（二）

A：Could you tell me what dishes are for breakfast?

请问今天早餐安排什么菜？

B：They are fried egg, poached egg, toast, bacon, ham, cereal and cheese.

早餐安排是：煎鸡蛋、水煮蛋、吐司、培根、火腿、麦片粥和奶酪。

A：And any milk?

有牛奶吗？

B：Of course, more milk should be ready.

当然有，牛奶还要多准备些。

A：What are the fried egg with?

煎蛋要配什么小料？

B：Cheese, ham, bacon etc..

可以配奶酪、火腿、培根等。

A：Any other suggestions?

您还有什么要求吗？

B：No. Thanks for your assistance.

没有了。谢谢你的协助。

对话（三）

A：What are the chef's specialities for today?

今天的厨师特选安排了什么菜？

B：The chef's specialities are: crepes with crab, smoked trout mousse.

厨师特选安排的是蟹肉薄饼、熏鳟鱼冻。

A：Have you got ready for the chef's specialities ingredients?

厨师特选菜肴的原料准备好了吗？

B：No, how many portions shall I prepare?

没有呢，要准备多少份？

A：First please prepare sixty portions.

先准备 60 份。

B：Yes, I see.Please don't worry.

是，我明白了。请你放心。

对话（四）

A：Can you tell me what fish is used for stewed cream fish?

能告诉我这道奶汁烩鱼是用的什么鱼吗？

B：Perch, sir.

是鲈鱼，先生。

A：The quality of the perch is not high, why not using sole instead?

鲈鱼的肉质不好，为什么不用比目鱼替代？

B：Because we have no sole and perch only.

因为比目鱼没有了，只有鲈鱼了。

A：More cream is needed?

需要加很多奶油吗？

B：Of course. Please don't forget to add some French cheese powder.

当然，另外还要加一些法国奶酪粉。

A：I see, thank you very much.

我明白了，非常感谢。

B：Not at all.

不用谢。

对话（五）

A：How much do they pay for each person?

今天的宴会每人的标准是多少？

B：Two hundred yuan, excluding drinks.

每人 200 元标准，不包括酒水。

A：Where do the guests come from?

客人是哪里的人？

B：France. Please cook the dishes finely and season them highly, besides every hot dish must stress the odour of wine.

是法国人，请把菜肴做得精致些、味要浓些，另外每道热菜必须要突出酒味。

A：What hot dishes are you going to prepare?

您准备安排什么热菜？

B：Here is the menu. Three hot dishes: creamed seafood, fillet steak and roast turkey.

这是菜单，有三道热菜：奶油烩海鲜、菲力牛排和烤火鸡。

A：What's for the dessert?

甜点给什么？

B：A plate of fruits and then an ice cream.

一份水果盘和一份冰激凌。

A：When shall we begin?

几点开始上菜？

B：Please get ready before 10 o'clock and serve at 11.

请 10 点之前准备好，11 点开始上菜。

第二节　专业词汇

一、厨房用具

aluminium bucket	铝水桶	measures	量杯
cherry knife	樱桃去核刀	meat hook	挂肉钩
cork screw	酒钻	nut cracker	碎干果器
cruet set	五味架	pastry wheel	花刀、花轮
cutlery box	刀箱	pizza oven	比萨炉
dariole mould	圆蛋糕模	pudding basin	布丁盅
dinner wagon	餐车	sauce boat	少司斗
egg frying pan	煎蛋浅锅	sauce strainer	少司滤汁器
escargot plate	蜗牛碟	skewer	肉扦
escargot tong	蜗牛夹	stew pan	烩锅
fish eaters	鱼刀及鱼叉	vegetable scoop	挖球刀
fish slicer	鱼铲	cocktail shaker	鸡尾酒摇荡器
griddle	平板煎炉	brazier	糖浆锅

二、烹调原料

saffron	番红花	whitecurrant	白加仑
green pepper	绿胡椒	raspberry	覆盆子
red pepper	红胡椒	blackberry	黑莓
cinnamon	肉桂	seedless grape	无籽葡萄
noisette	榛子	red wine vinegar	红酒醋
redcurrant	红加仑	white wine vinegar	白酒醋
blackcurrant	黑加仑	cream cheese	奶油奶酪

cottage cheese	鲜奶酪、乡村奶酪	cognac brandy	干邑白兰地
skim milk	脱脂牛奶	whisky	威士忌酒
bratwurst	德式小香肠	Scotch whisky	苏格兰威士忌
breakfast sausage	早餐香肠	Irish whisky	爱尔兰威士忌
veal	小牛肉	gin	金酒、杜松子酒
sweetbread	小牛核	vodka	伏特加酒
turkey	火鸡	rum	朗姆酒
goose liver	鹅肝	kirsch	樱桃酒
wine	葡萄酒	vermouth	味美思酒
red wine	红葡萄酒	bitter	比特酒
white wine	白葡萄酒	sherry	雪利酒
Bordeaux wine	波尔多葡萄酒	malaga	马拉加酒
Bourgogne wine	勃艮第葡萄酒	marsala	玛莎拉酒
champagne	香槟酒	liqueur	利口酒
brandy	白兰地酒	beer	啤酒

三、烹调术语

larded	涂以油脂的	parch	干烧
aspic	调味的胶冻汁	ragout	烩肉
baked in oven	焗热	parboil	半熟
served with natural juice	配以原汁	puree	蓉、浓浆
with milk	调以牛奶	grilled	铁扒的
basting	淋以肉汁	baked	焗的、烘的
brown butter	黄油变为棕黄色	roasted	烤的
breading	挂面包糠	brochette	串烧
glazed	有光泽的	broiled	炙的、焙的
purify	提炼	rare	一分熟
coating	涂保护层	medium rare	三分熟
stuffed	填馅的	medium	五分熟
marinade	腌渍	medium well	七分熟
crouton	炸面包丁	well done	全熟